成功之路丛书
CHENGGONG ZHILU CONGSHU

信心成就未来

本书编写组◎编

世界图书出版公司

广州·北京·上海·西安

图书在版编目（CIP）数据

信心成就未来/《信心成就未来》编写组编. －广州：
广东世界图书出版公司，2009.11（2024.2 重印）

ISBN 978－7－5100－1251－8

I. 信… Ⅱ. 信… Ⅲ. 成功心理学－青少年读物 Ⅳ.
B848.4－49

中国版本图书馆 CIP 数据核字（2009）第 204826 号

书　　名	信心成就未来	
	XINXIN CHENGJIU WEILAI	
编　　者	《信心成就未来》编写组	
责任编辑	陈晓妮	
装帧设计	三棵树设计工作组	
出版发行	世界图书出版有限公司　世界图书出版广东有限公司	
地　　址	广州市海珠区新港西路大江冲 25 号	
邮　　编	510300	
电　　话	020-84452179	
网　　址	http://www.gdst.com.cn	
邮　　箱	wpc_gdst@163.com	
经　　销	新华书店	
印　　刷	唐山富达印务有限公司	
开　　本	787mm×1092mm　1/16	
印　　张	10	
字　　数	120 千字	
版　　次	2009 年 11 月第 1 版　2024 年 2 月第 12 次印刷	
国际书号	ISBN　978-7-5100-1251-8	
定　　价	48.00 元	

序

信心创造未来

　　《成功源于信心》是美国有史以来最伟大、最具鼓励性的励志书之一。本书的作者克劳德·布里斯托尔身兼作家、记者、律师、大学教授和投资银行家等多职，有着非常丰富的社会科学和自然科学方面的知识。他从千千万万个由普通人变成杰出成功人士的经验中得到启示，认识到："只要你有坚定的信心，事事皆有可能。"布里斯托尔所著的这本《成功源于信心》与他的另一力作《成功 TNT》曾鼓舞了无数平凡的人，使他们成就了非同凡响的伟大事业。这本书自 1948 年出版以来，历经了半个世纪的风雨沧桑，多次再版，堪称出版史上的"成功学常青树"，至今在全球最大的网络书店之一——亚马孙书店同类书的排行榜上仍居于前列，被亚马孙的图书编辑评论为"成功学的黄钟大吕之作"。而布里斯托尔先生也因其伟大的思想与著作成为当之无愧的"励志导师"。

　　"积极思想之父"诺曼·皮尔博士在其传世经典著作《成功的资本》中曾热情中肯地评价了这本书。他写道："据我的看法，美国有史以来少数几本最伟大、最具鼓励性的书籍中，有一本是克劳德·布里斯托尔所写的《成功源于信心》，这本书最具说服力与科学性，我深受此人及其著作的影响。"

　　美国著名的演说家、作家和大企业顾问尼多·阿·科贝尔，曾任全美演说家协会主席，他认为布里斯托尔先生的这本书不是一本普通的书。书中包含了帮助我们正确选定人生目标并实现它们的可靠方法。在谈到读完此书后的感受时，他说："只要你肯幻想并抱有坚定信念，你越相信自己，就越能获得伟大的成就。这就是'信念的魔力'的真正含义。"

　　反复阅读这本书，直到它成为你日常生活的一部分。然后，当你能够勇敢面对生活的挑战时，你就能将你所有的潜能转变为现实。

法国16世纪思想家蒙田曾经说过："成功与失败全在于每个人的信念。无论富裕、荣誉或健康都不能具有比我们所赋予它的更多的美妙或快乐。每个人的处境好坏全是他自己的感觉。相信自己会成功的人便是成功的，而与世界是否相信他是成功的人无关。只有这种信念才能决定它的真伪。"

生活中充满了失败的暗流，每一个如八九点钟太阳似的年轻生命都有可能随时被这些暗流吞没。在成长的光明而曲折的道路上，我们需要信念作为我们最忠实的朋友，去抗拒那失败的阴郁的暗流。每一个生活的强者都应成长于信念，唯有这样，我们才有可能在遥不可知的未来夺得锦标，获得伟大的成功。

未来有多远？

我们都希望有快乐洋溢的美丽人生，那么，美丽人生要靠什么开创呢？要靠信念，因为信念是我们获得财富的起点，信念让我们快乐如君王，信念是所有奇迹的基础，信念是目前唯一已知的失败的解药。

你对自己要有信心。只有信心才能成就你的未来，帮你开创美丽人生。本书的作者克劳德·布里斯托尔深谙引导之道，他以真诚的心，用生动、翔实的语言为你介绍了借助信念走向成功的具体方法，其中尤为著名而有效的是"卡片方法"和"镜子技巧"，这两种技巧曾鼓舞了无数平凡的人，使他们获得成功。本书与其他励志书的不同之处是实用性强。本书在感觉上、主题上与技巧上都有独到之处，列举了许多则推理实例，并在某些关键地方让你停下来，重复温习某些重点，以便你能完全吸收其中的精华，让你现学现用。布里斯托尔先生一直强调运用信心的魔力是你的神圣职责，如果你早日学习与应用，你就可早日脱颖而出，登上你自己的成功巅峰。

经过30年的寻觅和钻研，布里斯托尔发现，对于未来的憧憬就是一股爆炸性的原动力。只要你心中有一幅未来理想的正确蓝图，再加上实现理想的决心和持之以恒的实际练习，你就可以获得一切。

成功的信念，无论运用于现在或未来，都有不可思议的效果。只要你仔细看完本书，一定可以了解"反复思考"和"积极行动"的神奇威力。

当你逐渐懂得控制内在的创造威力之后，就可以重建内在的秩序和规律，并且凭着直觉看到成功的远景越来越近。

信念将会影响到你生活的每个角落。信念助你建立伟大的事业，信念帮你得到成功的良机，信念会让你获得财富，信念能让你在这个喧嚣的世界获得心灵的宁静与快乐。

若一个人常常保持坚定的信念，那他一定能享有健康、财富和快乐。

成功与性别无关，本书作者还特别花了许多篇幅来叙述女人是运用信念的专家，在这方面优于男人。现代女性若善用信念，就可变成一座人类的"发电厂"，创造自己的一片天地。

我们要说："我们的使命注定是创造未来，而那如蓝色天空般充满激情的未来无疑是我们坚定的信念创造的。把握信念，也就是把握了创造美好未来的力量！"

编　者

目　录

目 录

第一章　信念决定你的一生

> 整个人生是一幕信念之剧。没有信念，世界顿时就会毁灭。坚强的灵魂在驱使时间的大地上前进，就像"石头"在湖上漂流一样，没有信念的人就会下沉。
>
> ——罗曼·罗兰
>
> 一棵树如果要结出果实，必须先在土壤里扎下根。同样，一个人也需要学会依靠自己，学会尊重自己，不要接受他人的施舍，不等待命运的馈赠。只有在这样的基础上，才可能做出成就。
>
> ——弗劳德

在一片茫茫无垠的沙漠上，一支探险队在负重跋涉。

阳光炽热，干燥的风沙漫天飞舞，而口渴如焚的队员们没有了水。

水是队员们穿越沙漠的信心的源泉，甚至是他们苦苦搜寻的求生目标。

这时候，探险队的队长从腰间拿出一只水壶说："这里还有一壶水，但穿越沙漠前，谁也不能喝。"

那水壶从队员们手里依次传递开来。沉沉的一壶水，使一种充满生机的幸福和喜悦在每个队员濒临绝望的脸上弥漫。

终于，探险队员们一步步挣脱了死亡线，顽强地穿越了茫茫沙漠。当他们相拥着为成功喜极而泣时，突然想到了那壶给了他们精神和信念支撑的水。

一个队员拧开了壶盖，而从壶中汩汩流出的却是满满一壶沙。在沙漠里，干枯的沙子有时可以是清冽的水——只要你的心里驻扎着拥有清泉的信念。

"这个世界上，没有人能够使你倒下。如果你自己的信念还站立着的话。"这是著名黑人领袖马丁·路德·金的名言。

开启信念之剧的大幕

整个人生是一幕信念之剧。没有信念，世界顿时就毁灭了。坚强的灵魂在驱使时间的大地上前进，就像"石头"在湖上漂流一样。没有信念的人就会下沉，信念能帮你看到未来，能够洞悉全部人生之路；信念帮你开启能力之门，能横扫阻挡你的一切障碍。信念是生命的使者，引导着因怀疑和罪孽而蒙蔽了双眼的人们找到光明。

失去信念乃是天下最大的不幸，而失去自己则是人生最大的陷阱。在与命运的抗争中，要始终坚信：照耀你一生每一次夜行的那一束明亮的火炬，正是你自己；静候在你命运的每一个渡口的那一双强有力的桨，就是你自己。

在人生之途的奋勇进击中，要相信自己，不要自惭形秽；要相信自己，不要自暴自弃。要相信自己的头颅和别人的头颅一样，都是一颗智光闪烁的太阳；要相信自己的手掌和别人的手掌一样，都是一片孕育财富的土地；要相信自己的脊梁和别人的脊梁一样，都是一座树立崇高的丰碑。

人只要有信念，有追求，什么苦难都能承受，什么环境都能适应，什么困难也都能克服。

著名短篇小说家欧·亨利有一篇非常著名的小说《最后一片树叶》，以其细腻的笔触，曾经感动过许多人。在这篇小说中，有这样一段描述：

一个病人静静地躺在病床上，木然而颓废地看着窗外一棵被秋风扫过的萧瑟的树。神奇的是：那树上还有一片葱绿的树叶。

病人想：这片树叶掉了，我的生命也就该结束了。

于是她终日望着那片树叶，等待它落下去，也悄然地等待自己生命的终结。

但那片树叶一直没有凋落。直到这个病人身体完全康复，那树叶依然碧如翡翠。

是这片树叶给了这个病人活下去的信念。

而那片树叶并不是长在树上，而是一位画家特意画上去的。

显然，从小说作者的上述描述中，我们可以看出一个人只要具有坚强的信念就能战胜病魔。

在大海中航行的船夫，心中不能没有信念。因为在汹涌的大海上航行，常常会遇到风吹船帆，浪打前舷，雷击樯桅，雨泼甲板，如果没有坚定的信念，因害怕而退却，则没有出路；如果缺乏坚定的信念，任其飘摇，就有触礁沉没的危险。勇敢者只有信念坚定，沉着冷静，

笑迎风浪，谨慎驾驭，才有希望到达胜利的彼岸。只要天空中还有阳光的照耀，就不必惧怕大海中还有浪涛。让别人去做生活中的安乐王子吧，勇敢者的信念是要战胜海上的风暴。

为事业拼搏的勇士，心中也不能没有信念。因为坚定的信念是成就伟大事业的太阳，对着它时，酸楚的泪珠也会折射出七色的彩虹。信念一旦确立起来，就会有"怀中一寸心，千载永不易"的坚定，有"月缺不改光，梅花耐岁寒"的坚贞。沧桑之变，风云之摧，名利之诱，生死之惧，其奈我何！

栩栩如生的冰雕一到天热会化为一汪清水，精心雕琢的石刻天长日久也会风化剥落，而心中的信念却是永远摧不垮的。信念是航船的舵，信念是大树的根，信念是人生的魂。有了坚定的信念，就能够开拓进取，一往无前，创造未来，扭转乾坤！

信念为何物

你一定听说过："一件事只要吾心信其可成，则必能成。"有句古老的拉丁格言说："信为你有，你即拥有。"信念是一种促动力量，使你能够达到目标。如果你病了，而你深信自己会康复，那么你就极可能会康复。你的意念或信心，导致了外在或实质上的结果。布里斯托尔在这里谈的是正常而精神稳定的人，他说："我不会告诉一个跛脚的人，说他能在棒球或足球上表现优越，我也不会告诉一个外貌平凡的女人，说她会在一夜之间变成大美人，因为他们几乎没有这种机会。然而这种事却并非不可能发生，因为曾经有过很多奇人奇事。而我坚信，我们越了解心灵的力量，我们越能目睹许多今日医生认为不可能的治病方法的出现。我也不会给任何人泼冷水，因为人生中任何事情都可能发生——而有助于事情发生的则是'信念'。"

亚历山大·肯农博士是英国一位杰出的科学家和医生，他的几本谈思想问题的书，在国内外引起了争论。他宣称："虽然今天，人没办法长出一双新腿（螃蟹能够长出新螯），但是如果人的心灵不排斥这个可能性，就可以长出一双新腿。如果潜意识使心灵的最深处有了根本性的转变，人就能够长出一双新腿，就像螃蟹长出一双新螯那么容易。"这话可能听起来很荒谬，或者至少是不足为信，但是我们又怎么知道有朝一日我们做不到呢？有一位实业家，曾向布里斯托尔讲述了他一段不平凡的经历：

"最初，我都要崩溃了，可以说

是我的信念一直在支撑着我，让我不断地坚持下去，直到我终于摆脱困境。这件事本身就是对信念具有强大魔力最有力的证明。1924年2月我中风了，下半身部分瘫痪，要靠拐杖才能行走；当时我只能走很短的路程，而且步履维艰，速度极为缓慢。对于一个过去曾活跃于商界（他是银行经理）的人而言，突然间遭遇如此的困境，真是难以接受。但是我总算还可以支撑着活下去，因为我得到政府的补偿——我的残疾被认定是由于曾在世界大战中服役造成的。但是，到了1933年，政府改变了政策，取消了我的补助费，我被迫自谋生路。我几乎保不住我的家庭和其他财产，前途一片茫然。

"我锲而不舍地努力，终于证实了信念的魔力，我不断地用'信为你有，你即拥有'这句话鞭策自己。或许因祸得福，我无法脱离一向从事的保险业和会计业，因为我身体上的残疾无法从事其他工作。而坚持下去使我产生了信心，我相信，不断保持正确的心态，加上持续的努力，终将给我带来成功。我还没有达到我理想的成功目标，但我一点也不担心。因为我现在已经生活得很舒适，不但已经保住我的财产，并且还掌握了成功的秘诀。我相信只要在自己的心中有这种积极而正确的心态，恐惧就会消失，而阻碍美满生活的绊脚石也就除去了。"

这位奎雷先生，最初在一家水电行的门前，以一张桌子开始他的事业。以后的几年，他从一个地方搬到另一个地方，事业越做越大。今天，他拥有一栋大厦的整层楼。那句古老的拉丁格言"信为你有，你即拥有"犹如魔咒，只要你不断颂念，一切都会如你所愿！当你了解信念为何物时，就应该努力尝试挖掘心中内在的信念。

挖掘内在的信念

每一个生活的强者都将借助信念创造人生的奇迹，这奇迹指的是凭借信心所能达到的成就——对信念的信心，对你自己的信心，对与你交往的人的信心，对力量的信心及对那种决定每个人命运的内在威力的信心。假如你能有这样的信心，彻底改变悲观否定的思想，世界上就没有任何事物能够阻止你去实现梦寐以求的愿望。

你的心灵有伟大的力量，如果你能发现和利用这些力量，你就会明白，你所有的梦想和憧憬都会变成现实。

许多人没有认识到他们的心中有一种能不断地产生效果的建设性力量。每当我们思想集中时，我们

就能产生、创造某种东西。如果我们的思想集中于某种既定目标,那我们就会依目标前行,创造出自己想要的美好的事物来。

对于信念的伟大魔力,布里斯托尔深信不疑,而他本人的奋斗经历正是对这一观念的最好诠释。

1918年初,布里斯托尔以"临时"分遣兵的身份到了法国,待命于一个正规连。因此,他要等到几个星期以后才能得到津贴。那段日子,他没钱买口香糖、香烟和日用品。因为在他出发前,身上仅有的一点钱,已经花在运输船上的饮食店,以调剂船上单调的伙食。每当看到有人悠闲地抽着烟或嚼口香糖时,布里斯托尔便想到自己空空的钱包。虽然军队为每一位军人都提供了生活必需品,但他仍感到很难过,因为他既没有零花钱,想赚钱又无计可施。有一天夜晚,在开往前线的途中,布里斯托尔坐在一列拥挤的军用火车上下定决心,要在退伍之后"赚很多钱"。当时,布里斯托尔并没有认识到他正在为自己往后的一连串动机奠定基础,而这一连串动机会引发出惊人的力量,从而带给他巨大的成就。事实上,布里斯托尔从来就没想到自己可以用思想和信念赚进一笔财富。布里斯托尔的人生,也正是从那一刻起发生了重大改变。

在他的军中分类卡上,他被登记为记者。布里斯托尔曾读过一所军事训练学校,为的是要取得记者资格,但是就在他即将修完课程时,整个训练学校却关门了,于是学校当中大部分人都被征召到法国作战。但在布里斯托尔心中,仍然自认是个新闻记者,并且认为在"美国远征军"中,会有较适合他的职位。然而,他还是像其他大多数人一样,推着独轮车,运送沉重的弹药。

在一个普通的夜晚,事情发生了转机。布里斯托尔奉命去见司令官,司令官问他是否认识"第一军总部"的人。布里斯托尔一个也不认识,甚至连"第一军总部"在哪儿都不知道。当布里斯托尔告诉他实情后,司令官让他看了一份军令,上面命令他立刻向"第一军总部"报到。一个司机开车将布里斯托尔送了过去。第二天早晨,布里斯托尔开始在"第一军总部"负责编印每日战况报告。

接下来的几个月,他常常思考自己的职务,然后将事情的各环节开始串联起来。有一天,他突然接到一个命令,上级下令把他调到军报《星条报》任职。很久以来布里斯托尔就想进《星条报》,只是一直没有机会。

第二天,正当他准备前往巴黎报到时,上校递给布里斯托尔一份电报,是总部的军务局长办公室签发的,问他是否愿意接受另一个职务。布里斯托尔预见战争不久将结束,而且能跟其他记者在一起工作会比较愉快,所以他最后还是选择了到《星条报》去工作。

停战之后,布里斯托尔退伍的欲望变得非常强烈。他想要开始创造自己的财富,但是《星条报》一直到1919年的夏天才停刊,他回乡时已经是8月了。无论如何,布里斯托尔无意识地推动着的那些力量,已经在为他以及那笔财富布置着舞台。他回到家的第二天早晨,便接到一个知名俱乐部主席的电话。他叫布里斯托尔去拜访一个在投资银行界很杰出的人,因为这个人在报上看到布里斯托尔返乡的消息,想与布里斯托尔见见面。布里斯托尔去拜访了这个银行家。两天之后,他开始了投资银行家的长期事业,后来成为一家出名的太平洋公司的副总裁。

虽然走马上任之初薪水很低,但布里斯托尔知道自己从事的事业有很多致富的机会。布里斯托尔声称:"当时并不清楚如何赚钱,我只是'知道'我会拥有自己心目中的那笔财富。"不到10年光景,布里斯托尔不但拥有了数目相当大的财富,还成为公司的大股东,同时在公司之外另有几项收益。在那几年中,他脑海里不断出现的是一幅致富的图像。直至后来,每当谈到自己的成功时,他还是认为:"是那个信念协助我一直走向成功。"

信念对于立志成功者具有重要意义。有人说:"成功的欲望是创造和拥有财富的源泉。"人一旦拥有了这一欲望并经由自我暗示和潜意识的激发后形成一种信念,这种信念便会转化为一种"积极的感情"。它能够激发潜意识释放出无穷的热情、精力和智慧,进而帮助其获得巨大的财富与事业上的成就。所以,有人把"信念"比喻为"一个人心理建筑的工程师"。在现实生活中,信念一旦与思考结合,就能激发潜意识来激励人们表现出无限的智慧和力量,使每个人的欲望转化为物质、金钱、事业等方面的有形价值。

在每一个成功者的背后,都有一股巨大的力量——信念在支持和推动着他们不断向自己的目标迈进。我们若想爬上成功的巅峰,就必须挖掘内在的信念,因为信念是指引我们成功的力量。

重新认识信念系统

你现在就有力量做你从来不敢梦想的事,只要你能改变否定的信念,你马上就能得到这种力量。为了成功,必须要重新认识你的信念

系统。

"信念"是成功的原动力，能使你朝着目标加速前进，怀疑则使你反其道而行。正面积极的信念永远有正面的引力，怀疑则只有破坏的力量。

有一句话你应深信不疑，那就是"信则灵"。所有伟大的精神导师，像释迦牟尼、孔子、穆罕默德、耶稣，还有很多的哲学家，都曾告诫世人这个基本的观念，在许多警世之言里，你都可以发现这个相同的主题，其中的真义就是"信则灵"。

《圣经》上说："人们所想的，就是他即将表达的。""诚于中而形于外。""信则灵。"

注意到两者之间的相通之处了吗？一言以蔽之，就是"信念"二字。

在第二次世界大战中，美军刚加入战争时，同盟国的将领都不把美军放在眼里，总是认为他们没有打仗的经验，而且没经过训练，素质很低。

然而，美国历史上有名的民族英雄巴顿将军，却在第二次世界大战时，展现出他过人的智慧和杰出的领导才能。在统帅大军时，美军转战千里，所向披靡，不但让身经百战、十分自负的盟军刮目相看，也让敌人闻之丧胆。

美国战争史上的一个杰作，至今仍为一些军事家所津津乐道、引为经典的一场战役——突出部之役，足以证明这一点。

由于时间紧迫，盟军不易调整作战计划重新部署，于是巴顿将军独排众议以"逆向思维"的观点来作为此役的突破、解危之计。

首先他主张采取以空间来换取时间的策略，用"布袋战术"的方法，先容许德军深入，然后待其挥军北上之后，再将德军的其他3个军团，从侧面逐一切断，而一举将德军歼灭。

这个提议让在场的其他将领无法认同，他们都一致认为风险过高，简直就是在赌博，而且是一场输不起的豪赌。但是召开凡尔登军事会议的艾森豪威尔却给予巴顿很大的支持和信任，并批准了巴顿的提议，让巴顿将军依计执行。

巴顿将军向艾森豪威尔也向欧洲全体人民承诺了一个极为艰巨的任务，那就是在48小时之内，将原本向东进的大军调往北方打击德军，以解救被困在巴斯通的美军。

这是一项极为困难的任务，因为当时的天气不佳，而且道路和补给系统都必须在事前做好精密的规划及大幅度的变更，在当时几乎无人对巴顿的承诺有信心。然而巴顿对自己的计划有着坚定的自信。

令人难以置信的是，巴顿以惊人的速度部署好了一切，巴顿的部队在恶劣的天气之下以惊人的行军速度，不可思议地完成了任务，不但解救了被围困在巴斯通的美军，而且保住了这个极为重要的道路枢纽。德军反攻巴斯通守军时，自认为此举是神来之笔，却压根没想到天降神兵，让他们毫无招架之力，更为重要的是，此役彻底瓦解了德军犹作困兽之斗的意志力。

许多历史学家认为，如果这场欧洲大陆之战没有巴顿将军的统帅，可能会拖得更久，让更多的生灵饱受战火之苦。

我们现在经常听到许多人说，奇迹的时代已经过去了，然而，我们从未听到过任何一个思想家、任何一个心中有信心的人持有同样的论调。诚然，阿拉丁的神灯早已不见了，或许根本就未曾存在过，还有魔杖、飞毯，所有这些在神话故事与传奇故事中出现的东西，虽然引人入胜，却是毫无事实根据的虚构情节。

那么真正的奇迹是什么呢？那就是面对没完没了的挫折，借着坚定的信念，不顾任何阻力，毫无怨言地从事种种艰苦不堪的长途跋涉，毫不懊悔地忍受因此而带来的痛苦，直到所有困难都被克服。这样你便会创造更多的胜利来振奋自己，你

可以承受一切新的挫折，并一再打破纪录，以这种骁勇的态度过一生。除非你对自己的内在威力有信心，否则，这股力量终将永远被埋没！

"信念"是成功的主要原动力，有了信念，才能推动自己去达成梦想。重新认识你自己，重新认识你的信念系统，才会将你带入生命新境界！

怎样重建生命新境界

你是否已全心准备好让这种魔力在你身上体现？

首先，你要确信这种力量不是什么怪力乱神，或不可捉摸的东西，它是真实的，当你发现它之后，你就能强烈地体验到它的存在，也将懂得如何去利用它。

本书的目的，就是要向你揭露这个创造性威力的秘密，同时，还要告诉你，如何去驾驭这个威力，使它成功地发挥作用，一如它在成千上万的人身上发挥的作用。

但是阅读本书的读者不可能只是站在外围观望，期待如此即可在"精神上"体验到这股神奇的爆炸性威力，这是行不通的。你必须开阔心胸，并乐于接纳，这样才能使尘封的信念威力释放出来，为你化解那些障碍、困难和问题，重建你生

命的境界。

你得由内向外，而不是由外向内去克服生活上所遭遇到的困难。观念在发生于外在世界之前，皆先发生于内心世界。这个观念对你而言具有相当大的冲击力。你本来是不动的，除非你的自由意志要你这么做。你不会把这本书无缘无故地放下，除非你心里先有这个念头；同样的道理，你也不可能受益于内在的威力，除非你先解除过去的不健全观念对你的束缚。

布里斯托尔的一个好友鲁斯，多年来一直从事广告业，但却没有什么大成就，他只是个普通的业务员罢了。有一天，他决定要彻底地改变现状。由于他一直不知道自己在这一行里究竟追求的是什么，想达到什么目标，所以，他首先全面地分析了自己的处境。

他自问："在广告界是否有一个位置最适合自己？"是的，是有这么一个位子。那是某一份类似《国家地理杂志》的刊物的广告经理，我们姑且称之为《世界旅游》月刊。

鲁斯非常喜欢旅行，足迹遍及世界各地，因此，他对那个职位有一种特别的"感觉"。他常常幻想自己就是那份刊物的广告经理，并在这种想象中投注了极大的热情。当他的兴趣已经不再以这种假想为满足，而志在真正坐上那个位子时，他开始向杂志社投石问路。

他得到的答复是："很抱歉，我们对现任广告经理海利先生十分满意。他已经在本公司工作很久了，而且工作表现出色。就杂志社方面而言，海利先生在本公司是终身任职的。"

很多人都会被这种答复吓走。可是，鲁斯却未如此。他继续说："没有关系。可是，我对你们的杂志有很浓厚的兴趣，如果能参与其事，对我个人而言是一种很大的满足，即使不是编制内的职员，我也不介意。我只有一个小要求，就是将来只要我有时间，就可以参加你们的编务和广告方面的会议，并且提供一些我的建议，采用与否全由贵社决定。就我个人而言，在形式上是贵社的一员，而实际上不领薪水也无所谓。"

这个非比寻常的建议，引起了杂志社老板的兴趣。

"如果你真的有这么高的热忱，我个人倒不反对这种做法。"他对鲁斯说，"不过，你得把这个构想亲自跟海利先生提出来，我不敢肯定他是否愿意跟一个对他的职位有兴趣的人共事。如果他乐于接纳你这种纯属自愿性的参与，而公司又不必担负任何义务的话，我们很欢迎你的加入。"

于是鲁斯便去拜访海利先生，

两个人一见如故，友谊就此展开。这段交情持续了 8 年，这期间，鲁斯对《世界旅游》贡献很大，对整个工作的程序也有了全面地了解，而其他时间，他则从事他的本行——广告。

后来，海利受聘于加州某公司。基于健康及个人的原因，他一直希望晚年能定居加州，所以，决定辞掉《世界旅游》的职位，迁往西岸。

鲁斯现在是《世界旅游》月刊的广告经理，他继海利之后接掌了这个职位。他精通一切，完全胜任这个职位。这个职位他梦想了 8 年，终于在这一刻得以实现。

看上面这个故事之后，你仍认为内在威力不足为道吗？

有的人之所以成功乏术，是因为其目光短浅和看不清事物本质；有的人之所以能最终成功，是因为其具有远见卓识和对事物的深入了解。前者先被自己打败，然后才被生活打败；后者先战胜自己，然后才战胜生活。前者始终生活在黑夜中，后者永远沐浴在阳光下。前一种人只能终生平庸，而后者才能造就卓越的人生。

我们赞赏豁达乐观的生活态度，即使是遇到天大的困难，甚至身处逆境，仍要坦然面对，绝不丧失信心。无论在追寻成功的道路上，遇见什么样的难题，我们都要信任自己的目标。

信任自己的目标

重建生命境界的第一步就是要信任自己的目标。越相信目标的人，越容易成功。当你的目标日渐明晰之后，你就可以勇敢地前进，同时果断地采取行动。

麦克阿瑟将军就有这种信心。自从他向菲律宾人发表告别词（"我一定回来"）那一天起，就一心一意要实现他的这个诺言，他的信心从未改变。在新几内亚的每一场战斗，对拉保尔的每一次空袭，或鱼雷快艇对俾斯麦海日本货船的攻击行动，这一切都是收复菲律宾的前奏。

你可能永远当不了将军——甚至当不了一等兵，但你仍然能够以同样的热诚来信任你的目标，因为他们都同样高贵。即使一位普通的汽车技工，如果能满怀热情，富有信心地把工作做得干净利落，那么他也体现了自己的价值。他对自己工作的信心将协助他保持镇静，渡过各种难关。

你可以帮助你自己，只要你能在脑中回想起你最佳的时刻，描绘出使你感到幸福与成功的一切情况与细节。把注意力集中在这些意象上，将使你在这段期间内获得心灵的平静，也将协助你建立你的自我

信念。

你也许会想："我一生从未有过重大成就，任何成就也没有。"

不错，但是你并不是要上台在几千人面前演出。你只不过是要在你脑中的舞台演出，一遍又一遍地直到你把最成功的情景付诸实现。

你用不着希望成为一名演员或什么大人物，你只需保持自己的本来面目；同时很理智地在你的能力范围内采取行动，从你的经验银行中提出珍贵无比的经验财富——这家银行一向连本带利付款给客户的。

你一旦订下目标，回想起往日成功情景，并且也准备接受你的人性弱点，那么你将在危机中感受到你的力量，你将发觉自己有足够的能力来处理危机。

你内心拥有强大的力量，将协助你应付紧急情况。只要你全心全意下定决心获得成功，只要你订下你的目标，就可以动用这些力量。

你的成功功能已准备协助你去获得成功，只要你已经给了这个成功机器一个明确的目标。这个目标最好是以心理影像的方式表现出来的，因为这就等于开动了这个自动的追求成功的机器。它将帮助你走上成功之路。这里有一个相信自己的目标终将获得成功的生动例子：

俄国女皇叶卡捷琳娜二世是俄国历史上颇有作为的女皇，是继彼得大帝之后唯一被授予大帝的女皇。这位德国公主，两手空空地嫁到俄国，却为俄国赢得了克里木和波兰，打通了黑海出海口，使俄国版图从1.642万平方千米，扩大到1.705万平方千米，整整增加了63万平方千米。是什么力量驱使这个纤弱美丽的女人成就如此的伟业呢？是目标。她为自己树立了前进的目标："要是我能活上200岁，整个欧洲必将置于我统治之下。"

目标不是约束，目标也不是羁绊，目标是引导你前进的指明灯。在这个世界上只有你自己才能阻止你实现梦想，也只有你才能帮助自己实现梦想。你现在就需要为自己设定的目标马上行动起来，并朝向这个目标不懈努力。

无论如何，信任你的目标是你为成功迈出的第一步，在前进的道路上，要随时告诫自己：即使有移山填海之难，也要努力去达成。

学会驾驭自我信念

无论是从巴顿将军，还是俄国女皇叶卡捷琳娜二世身上，你都会发现这些胜利者自始至终驾驭着自我信念。在他们当中，许多人实际上是有不少缺点的，这些缺点理应成为，也确曾成为他们成功道路上的沟壑，但他们凭借着对自我信念

的绝对把持，而获得了令人难以想象的成功。埃尔默·列特曼就是很好的例证。

埃尔默在他写的《推销术》一书中列举了许多理由，说明他过去为什么是个失败者。他说，他小学没读完就退学了，接着就开始工作，每周只挣 8 美元。他做了一辈子马戏表演主持人与推销员，却从未学会控制自己对观念的畏惧情绪。他是个不可造就的缺乏魅力的人，生来就又矮又胖，还养成了许多不良习惯，这对于他的职业来说，是极为不利的。

尽管埃尔默自认有那么多短处，他还是成了世界上最著名的保险推销员，他拥有的普通保险金额在 1 亿美元以上，团体保险金额超过 4 亿美元。他的创造性的推销技巧，被写成了许多文章和书籍，风行于世。他自己也写了一本关于推销的书，叫《推销在顾客说"不"的时候开始》，是推销类书中最为著名的。

人类历史上以及当前社会中的那些商业和政治领域的领导者们都有一个普遍的品质，即他们深信存在着比他们自身更了不起的事物和比自己更伟大的人，这就是那些领导者们的信念，他们对此深信不疑，而且从不违背自己的信念。可以说，信念就是对所追求的目标深信不疑，

它标志着一个人的品质。对于我们现实中的每个人来说，自己的信念是什么以及信念强度是两个基本的问题。斯各特·佩克在《呼吸共同体》一书中，把信念看做是我们社会生存的轴线。可以说，正是信念组织构建着社会。不管我们的具体信念是什么，信念的强度如何，信念都会对我们的成功产生巨大的影响。每一个成功者无不是在信念的影响下走向成功的。我们的每一次攀登，对逆境的挑战，对困难以克服等，无不显示信念的作用。

一旦你认识到自我信念的重要性，就很容易发现自我信念。更重要的是，你可以改变自我形象。这一新的自我形象会把你从平凡的桎梏中解脱出来，并将你推向更大的成功。让我们回到前面谈到的推销员埃尔默的例子上来。如果当初他认为根据自己平凡的素质，每年最多只能挣 1 万美元的话，他一定不会取得 4 亿美元的佳绩。一旦他意识到这一自我信念是最有害的，就会像一个狂饮过度而终于醒悟的人承认自己的错误，这样他就已经走上了自我治疗的道路。自我认识只是第一步，接下去是摆脱有害的自我信念，代之以建设性的自我信念。

埃尔默所做到的是，通过积极的思考，强迫他的潜意识接受自己有关推销成功的回忆，而这些成功

正是有能力的表现。他每天要在这上面花尽可能多的时间，在头脑里涌现成功的推销情节，并坚信只有这些情节才反映出他的真实的自我。不管什么时候，只要脑子里一显现对自己推销能力的怀疑，他就会以一次成功的推销过程来否定它。

埃尔默先把回忆限制在成功上，接着，当他经过努力，有足够的自信承认自己偶然会有失误时（谁都有失误），就可以有意识地回忆那些不成功的推销事例，以找出失败的原因。这样一来，可以导致潜意识发生剧变。一组新的认识将取代原先的认识。被自己的自我形象束缚多年的埃尔默，在经历了这一过程以后，他将自觉或不自觉地承认他的新认识，他的潜意识也将随之改变。

这时，如果他有意识地使用新的方法，在记忆中反复强调成功之处，不久他将发现，他有一个新的自我形象，他将考虑突破原来每年挣 1 万美元的限制。

只要你每天花 15 分钟的时间，专门对你的大脑输入自己成功行为的生动情节，你就有更大的可能达到自己想象的成功目标。

你所做的一切决定都受控于某种力量，它不仅时时影响你的思考和感受，也主宰你是否会拿出行动。这个力量就是你的信念，它从内到外控制着你的一切。

打败内心深处的恐惧

你对自己要有信心。

信心是"永恒的万灵药"，它赋予生命以思想、力量及行动。

信心是你获得财富的起点。

信心是所有"奇迹"的基础，也是所有无法用科学法则加以分析的神秘事物的基础。

信心是目前唯一已知的失败的解药。

信心是一种元素，是一种"化学物"，如果和勇气、毅力混合起来，可以使一个人获得伟大的成功。

信心能把人类有限意识所创造出来的普通思想，转变成为精神力量。

信心是唯一的媒介物，经由它，人们可以利用及运用精神的无尽力量。

你千万不要认为你没有足够的吸引力赢得成功，那是因为你缺乏信念！

马尔卡的面孔，也许是你从未见过的：整个脸上布满了缝线的痕迹。一只眼皮完全被缝合，甚至他的嘴唇也有 3/4 的缝合。

一个周末，马尔卡和他的未婚妻在加拿大不列颠哥伦比亚省北方的森林里散步，不知不觉地，他们竟走到了一只熊妈妈和她的熊宝宝之间，为了保护孩子的熊妈妈竟抓住了他的未婚妻。对于身高仅1.70米的马尔卡来说，这只母熊简直是只巨大的怪物，但他不知哪来的勇气，勇敢地冲上前将他的未婚妻夺了回来，熊妈妈马上转而抓住马尔卡，几乎要将他身上的每一块骨头撕裂。

母熊最后将爪子整个划过他的脸，又划开他的头皮，战斗终于结束。

马尔卡能活下来几乎是不可思议的。在整整8年的时间里他一直都在做整容手术，当时医生尽可能地为他做了所有的美容手术，但帮助似乎不大。马尔卡觉得自己就像是一只丑陋的怪物，他拒绝回到社会。

有一天他坐上轮椅到了康复中心的10楼楼顶，正当他准备将自己推下楼顶时，他父亲出现了。

就在那危急时刻，他父亲冲上楼梯喊着："等一下，儿子!"

马尔卡转过身来："爸爸，什么事?"

他父亲说："马尔卡，每个人事实上都存在着深深的伤痕，只不过大多数人用笑容、化妆品或是美丽的装扮把它掩藏起来了。现在的你也要逐渐开始穿上这层掩饰的外衣，别忘记，我们都是一样的。"

听了父亲的话后，马尔卡再也无法将自己摔下那栋大楼。

之后没多久，一个朋友给马尔卡带来了一盘演讲的录音带。他听到了关于保罗·杰佛斯的故事，这个人在他42岁时丧失了听力，但现在却是世界上最顶尖的业务员。保罗说："挫折可以让一个平凡人成为不平凡的人。"

马尔卡对自己说："那就是我，我就是不平凡的!"

他写下他想要做的事，并将自己的梦想告诉每个人。之后他在保险公司找到一份业务员的工作，这份工作迫使他必须每天以真实的面目与人接触。他将他的照片贴在名片上，递名片的同时便告诉他人："我的外表虽然难看，但如果你有机会认识我，你会发现我美丽的内心。"

后来，马尔卡成为温哥华首屈一指的保险经纪人。

命运赐给他一个艰巨的任务，但他把它转化为一个黄金般的机会。

马尔卡认识到他的外表并不是他的问题，他如何看待自己才是真正的问题所在。如果他看自己是丑陋的，他就是丑陋的，但如果他看自己是美丽的，他就是美丽的（记住一句古谚：美丽永远深藏于观赏者的眼中，即使观赏者和被观赏者是同一人）。

马尔卡看见了他真正的外表，

他的伤痕已经不重要了。马尔卡打败了恐惧，能够坦诚地面对他人，所以他能够迈向更令人赞叹的未来。那么，对于你来说，同样可以做到这些。

突破消极心像的束缚

一个人怎样才能过上快乐的生活？一个人如何在我们这个繁忙、复杂的世界中找到幸福的生活？这里面的秘诀在哪里？

事实上十分简单。想要过真正的"生活"，想要生活得愉快，你必须拥有实际、充分的自我信念。你必须喜欢并信任自己，必须感觉到你可以充分表现出你的真正感觉，而不必害怕曝光，你必须认为不必隐藏你的真面目，你必须充分认识你自己。你的自我心像必须合乎实际地表现出真正的你。当你的自我信念完整而充分时，你就会有美好的感觉，你会感觉到自己充满了信心。你准备向全世界显示你的真面目，你对此感到很骄傲。你散发出生命的气息，并深入参与生活——从生活中获得快乐。当有形的脸孔缺陷经过整形之后，必须还要改变你的自我心像，如此才能产生重大的心理变化，否则这种改变只是表面性的。

因此当你坐在戏院里，看着自己在舞台上演出本书所揭示的一些要领时，你手中要拿着一面镜子。看看镜中的自己，好好地看，用心地看，不要害怕你所看到的一切。

你是否知道如何观看？看些什么？

你是否听到有人在问："我要看自己表演吗？"

你将会看到某个人，他有耳朵、眼睛、鼻子、大腿和手臂，但你所要看的就是这些肉体特征吗？

不是，你必须看到这些肉体特征的后面——看看你内心中的脸孔、情绪、信仰，及隐藏在你内心的那个陌生人，这些都是你在镜子中看不到的。

这就是你的自我信念。

如果你的自我信念是你的敌人，它将会利用你过去的失败教训来破坏你，使你现在也成为一个失败者。

如果你的自我信念是你的朋友，它将从你过去的成就中吸取信心，给你生活与成长的勇气。

和你自己做个朋友吧。只有这样才会幸福，并且获得成功的生活。

在这个舞台上——就在你意志中的剧院里，我们将演出一些剧本，你将在剧中担任主角，你的自我信念就是你的朋友。

"但是，"你也许会对自己这么说，"我并没有外部的伤疤，我的脸孔十分正常。我还需要阅读本书吗？"

当然需要。在美国总人口当中，只有不到1%的人需要做整形手术，99%以上的人脸孔都很正常。但在这99%的人当中，许多人内心都有伤痕——扭曲的自我心像。而大多数人意识不到这一点，他们只不过是在自欺欺人。

你将会在本书中发现一些实用的指示，它可以协助你改善你的自我心像，另外还有一些练习，目的在于加速你去积极地改变自我的信念。你将要为自己定下你渴望实现的一些目标——成功、幸福、朋友、金钱、休闲以及其他目标——如果都是合理的目标，你可以利用心理幻想的力量来促使它们实现。

要想改善你的自我心像，你必须乐于应用你的精神力量来从事这些重要的实际练习。只要你能用心从事这些练习，你就能有所改变。这些改变对你来说，可能是种奇迹。但是你必须十分努力，跨出你脑中的舞台，去从事实际的练习。

著名演员简·方达的卓越演技并不是天生就有的。起初她也会忘记台词，或是念错了台词，但她从不为此担心，也不责备自己。因为她知道出色的演技是需要时间与努力的，只要自己不懈努力，一切都会变得顺利。

英国大作家赫胥黎曾经写道："在宇宙中有一个角落，是你一定要加以改进的——那就是你自己。"

这也正是我们所要做的工作。

常常听人在鼓励某人时说："上帝为你关了一扇窗，就会帮你再开另一扇窗。"对一个积极上进的人来说，一味等待上帝为你开窗，就等于消耗自我成长的能量。因此最好的方法是，自己去打开另一扇窗。当一条路不通时，应突破现有困境，找出另一条路。条条大路通罗马，当然条条大路也都通往成功。如果你在事先就能做好规划，从各个角度来思考未来的方向，相信另外的那一条路一定很快就能打通。

在人生的各个阶段都不要画地自限，保持自我成长、思考的弹性和空间，不管将来从事任何事情都能游刃有余。

总而言之，突破才会有成长的契机，而突破了消极心像的过程就是建立正确信念的过程。不要怀疑你自己，别人能，你绝对也能，只要下定决心去做，成功的新局面就会为你展开！

勇敢地引爆精神内动力

现在是你勇敢地引爆精神内动力的时候了！

你对未来的憧憬就是一股具有巨大威力的原动力，它会进入你的潜意识，只等你用"信心"来引爆。

无论你对未来有什么样的构图，当然，要在合理范围之内，只要你对那种内在的威力有充分的信心，就能一一实现。

引爆精神内动力就是这么简单，简单得使很多人不愿意相信，不肯花时间去体验它的存在。宁可继续盲目、无知、固执下去，把自己撞得头破血流；宁可因循错误的方法，而给自己制造出无穷的磨难，损失金钱，危及健康。

布里斯托尔说他本人就是最好的例子。他说："我独自在通向成功之路中摸索，跌跌撞撞了30年，身怀信念的威力而不自觉。这种威力能替我减少许多折磨，而我所需要做的，只是伸手去拿它而已。但是，我却自以为比周围那些成功、快乐者聪明。他们对这种威力早已心领神会，而且也想让我分享他们的心得，而我却自认为单凭一己之力就够了；我以为成功大部分靠运气，不是靠信心或靠什么神龛。真理出现在我面前，一次又一次，我却一再错失，由于怀疑和不屑的心态，竟然使我对这个真理产生了免疫力。"

"在你还没有重蹈我过去的错误——对生命感到厌倦、灰心、失望之前，希望你能及时自我检讨，掌握那伸手可及的黄色炸药——坚定的自我信念。"

那是什么声音？如果你已经找到了起爆的雷管。好，准备点燃，发出警告信号。接下来要小心处理，准备接受改变你意识形态的第一个大爆炸，让它炸毁所有谬误的想法，为你开出一条扭转人生的美好坦途。

经过多年的摸索，布里斯托尔终于掌握了通往幸福大道的钥匙，他发现这条坦途的尽头是一片亮丽的远景。

如果你掌握这一真理，你也会踏上坦途。你的内心也将洋溢着欢欣，恐惧及焦虑都消失无踪。而且，此后一切都会十分顺利。

正如一位博学的人说："每一个人生来就有明辨是非、成就大事的能力，但是，某些人在真正开窍之前，会先撞得头破血流。"

布里斯托尔本人也一样经历过这种头破血流的阶段，然而，他觉得这是自己最伟大、最神奇的体验。

很多人看到布里斯托尔脱胎换骨后，都想知道到底是怎么回事。对于亲近的朋友，布里斯托尔将自己的方法倾囊相授。为了帮助更多的人，他极愿把自己的发现公之于世。

一次只要一点点，就像小水滴一样，信念这种黄色炸药能逐渐地把你原有的恐惧、怀疑和偏见磨掉，使新的想法、新的观念和新的真理进来。

"哒，哒，哒"这是"机会"在轻敲你的心扉，开放心灵，让这个信息进来吧。

从布里斯托尔决定把信念的威力传播给别人的那一天开始，就有无数的人或是公司团体将它付诸行动。此外，他还通过面对面的协议或公开的演讲，希望能使更多的人受益。布里斯托尔坚信："凡是对我所宣扬的原则和方法能心领神会，并身体力行的人，必然都能得到可观的收获。"

你可能会在一时之间领悟，也可能需要一段相当长的时间来做心理准备，使这种原本不自觉的威力能实际为你所用。但你不必急于一时，也不必太过于勉强。你可以放心，这个威力确实存在，你可以逐渐学会去运用它。

在布里斯托尔突然觉醒的那个时候，也正是他的公司员工士气最低落的时候，大家都很消沉、低落。在不得已的情形下，他进行了一次大调整。

布里斯托尔的任务是尽一切力量去提高员工们的士气。起初，布里斯托尔一直犹豫不决，不知道该以哪一种方式去帮他们。后来，他把这个问题交给潜意识处理。他的内心告诉自己："应该跟他们谈一谈。"

他们之中，有人对布里斯托尔的说法表示怀疑，但他仍然对自己说："我能证明我是对的。"接下来的一个星期，只要是醒着的每一分钟，布里斯托尔都将它花在温习过去读过的书本上面。当然，首先是《圣经》，接下来是瑜伽教义，这些都是古希腊罗马的思想家及其门徒所遗留下来的哲理。布里斯托尔还重读了马可·奥勒留的《沉思录》、汤玛斯·杰伊·哈德生的《灵异现象的法则》、海顿·罗杰斯特的《要义》；还有物理学、电学、光波传动等方面的书。结果，正如他所预期的，他不但证明了自己是正确的，还发现了这些学说之间都有其共通的基本法则。布里斯托尔又看了很多心理学的著作，又得到同样的印证。这么一来，布里斯托尔便引经据典，公司的员工们开始被他说动了。当你勇敢地引爆精神内动力时，世界上几乎就没有你做不到的事。

用信念赢得认可与尊重

经过多年的探索，布里斯托尔得到一个重要的结论：凡是会运用这种威力的人，均属善于表现自己的人。套用一句新闻术语，就是所谓的"焦点人物"，即经常荣登头条新闻的人。由于某种因素，使他们不甘默默无闻，而想超越平庸，脱颖而出。

当然，你不见得想成为这种话题人物，但是，你不得不承认，这种人显然能把自己的威力发挥到极限，否则，他们永远不可能在名人殿堂里，占据一席之地。这一类人，也不尽然全是哗众取宠之辈。事实上，他们之中有些人并不太爱说话，就像好莱坞著名影星葛丽泰·嘉宝。有些人则有某些特殊嗜好，或采用某种方法使自己突出，像艾森豪威尔的笑容就是他的注册商标，而路易斯则永远皱着眉头。有些则以讽世嫉俗、尖酸刻薄见长（萧伯纳）；有些以风度仪态取胜（罗斯福）；有些蓄着长发（以音乐家与指挥家居多，如利奥波德·斯托科夫斯基）；有些留着鬓角（史密斯·布朗特）；还有戴单片眼镜者（查理士·柯本）；还有穿长袍或其他特殊服饰的（马克·吐温的白色西装无人不知）；以及结婚与离婚纪录而出名的（像汤米·麦凡）。

那些反传统、不随俗、特立独行的人最易受人注目，有些是有意夸大他们的不同，有些则根本不在乎别人对他们的看法，他们只关心自己的事情，忙着做他们喜欢的事。

他们有的擅长辩论，有的从事战争科学的研究，有的在银行界、政治界独领风骚，有的在艺术界一展才艺。不管从事哪一行，他们的共同特色就是：舞台灯光的焦点集中在他们身上，他们是真正的话题人物。

从古到今，这一类人不胜枚举，如狄摩斯尼士、尼罗王、恺撒、哥伦布、伽利略、克利欧佩特拉（埃及艳后）、巴尔扎克、莫泊桑、牛顿、圣女贞德……

你可以继续列举下去，每一个名字都能使我们想起一个人物，或仍健在，或已作古；总之，都是特立独行，他们永远是各种行业中的佼佼者。

在有的名单中，想必你也注意到了，尼罗王、恺撒大帝、墨索里尼、希特勒等人竟也榜上有名，就某方面来说，他们的确曾显赫一时，并能发挥个人的内在威力，达到权势的顶点。然而，他们的成就，却是以亿万人的生命所换取的。因此，历史对他们的评价自然是臭名昭著。运用天赋威力而名满天下的人，有正、邪的分别，所以，这种威力是既神奇，又危险。也正是因为如此，我们必须学会支配这种威力，使之能利己利人。

甘地就是一个能充分发挥这种威力的人，他堪称近代最伟大的英雄。我们可以从很多图片中，看到现代文明装束的甘地，可是，到了晚年，他的造型为之一变：光头、不穿衣服，只在腰间缠上一块粗布，戴着一副大眼镜。我们不必去评论

他这么打扮有何特殊用意，但是我们相信他一定认识到：为了印度，这种装束能吸引世界各国人士的注目，把他们的目光集中在他身上。同样，只要你把这种威力运用在自己的生活里，不久之后，你就会发现，这种力量能使你在朋友之间脱颖而出；他们也马上能感觉到你的改变，你表达自己的方式，还有你的言谈举止。这并不是说，你变得很喜欢卖弄，引人侧目，而是说，你将开始做真正的自己。

也许这是你这一辈子第一次如此充分地利用周围的各种机遇，放开自己，摆脱过去褊狭的观念和束缚，以争取原来就属于你的一切。如果你以前就懂得如何发挥信念的威力，你早就拥有这一切了。

记住：如果你甘于做一朵羞涩的紫罗兰，你就不可能赢得世界的认定和尊重。

建在高地的城市不会被遮掩；同理，真正出色的人不可能锋芒不露。

生命的真理，只有那些决心要接受的人才能窥知。

数以千计的人把这种内在的威力施之于邪道，结果弄得身败名裂。回顾一下历史，便可以随手举出很多例子。

我们在生命中投资多少，就有多少的收获，不会多，也不会少，这是自古就有的至理名言。但是，在这里我们仍然要不厌其烦地再次强调，只要我们以积极的想法加上建设性的努力，坚持不懈，那么，一定能获得等值的报偿，因为有一分耕耘，才能有一分收获。

这种能够扭转乾坤的黄色炸药究竟是什么东西呢？就是每个人内心的信念。如果你这一生想要有所作为，那么就非得用到这种威力不可。

你想通了没有？就是你，你自己，在你内心深处潜藏着一种威力，需要理性地驾驭及引导，才能为你所用，以面对各种外来的危机和挑战，排除一切阻碍，克服所有经济上、生理上、心理上和精神上的问题。

第二章 转动改变自己的罗盘

> 能从绝望的处境中逃脱的人，必能学会坚强的意志，所以你不要只是一味地烦恼，应立即采取行动，使自己从绝望中逃脱出来，你要相信新的一天将会带你到新的地方去。
>
> ——歌 德

> 经验告诉我们，挫折是没完没了的。但是，凭借坚定的信念，我们可以不顾任何阻力，继续向前进，一直到所有困难都被克服为止。这样我们便会不断地振奋自己，承受起新的挫折，并一再打破纪录，继续根据积极原则，以这种骁勇的态度度过一生。
>
> ——《成功的资本》

信念可以化渺小为伟大，化腐朽为神奇。它可以使一个人得以征服他相信可以征服的一切事物。困难是面镜子，高悬在人生的险峰口，它不但照出勇士不倦的思索，英勇攀登的英姿，而且也表现出懦夫望而生畏，垂头丧气，转身退却的身影。困难永远不能打败生活的强者，只有转动起改变自己的罗盘，将指针拨到强者的位置，那么你将会看到自己的信念与困难撞击时胜利的火花，生活中不会利用自己信念的人，犹如一个没有罗盘的水手，很可能在浩瀚的大海里随波逐流。

你所做的一切都应为了一个目标

公元73年4月15日，死海之滨的马萨达要塞，与上万罗马大军抗争到最后的960个犹太起义者决定集体自杀。殉难前夕，起义领袖爱力阿沙尔说："我们是最先起来反抗罗马，也是最后失去这个抗争的人。感谢上帝给了这个机会，当我们从容就义时，是自由人！明天拂晓，抵抗将终止，不论敌人多么希望我们做活的俘虏，都无法阻止我们可

以自由地选择与所爱的人一起死亡，可惜的只是不能打败敌人！让我们的妻子没有受到蹂躏而死，我们的孩子没有做过奴隶而死吧！把所有的财物连同整个城堡一起烧毁。但是不要烧掉粮食，让它告诉敌人：我们之死不是因为缺粮，而自始至终，我们宁可为自由而死，也不愿做奴隶而生！"后来，以色列军队的新兵都要到那城堡进行入伍宣誓，誓言中有一句："马萨达再也不会被攻陷。"

也许每一个人，都有自己的马萨达。只是不到紧要关头，便看不见灵魂深处那最为珍视的东西，它们或许是自由，或许是爱情，或者是别的什么。不管它们是什么，你是否看见了它呢？其实，它就是你的目标，就是你渴望获得的东西。你所做的一切都是为了这个目标。

1910 年，两个年轻人合租了纽约市一间廉价的公寓。其中一位就是戴尔·卡耐基，一个来自密苏里州玉米栽种区的未经世面的幻想家，就读于美国戏剧艺术学院。另外一个是来自马萨诸塞州乡下的孩子，名叫惠特尼。

惠特尼出身农家。他和其他穷困的乡下孩子唯一不同的是：他决心成为一家大公司的老板。

惠特尼在城市找到的第一份工作，是为一家大食品连锁商店当零售员。为了更深入地了解业务状况，他经常利用午餐时间到批发部门去工作。他这样做虽然不能得到别人的感谢和额外的薪水，可是当一个更好的工作出现空缺时，老板就想到惠特尼而把工作留给他。

从零售员升为业务员，然后是部门主管、地区经理。随着岁月的消逝，惠特尼渐渐地爬了上来。但是他不免也会产生失望的感觉，因为，在这家公司服务多年之后，他感到自己到了尽头，在公司里有太多总裁的亲戚了。在另一家公司，他发现晋升的根据是年资——他知道他到死都无法成为决策性高级职员。但是他一直没有忘记自己的目标。当他变成自己公司的总裁后，终于达到了自己的目标。后来，他又创设了"蓝月乳酪公司"。

这个乡下孩子曾在那间简陋的公寓里对自己说："有一天我要成为一家大公司的总裁。"这句话并不是痴人说梦，他是在肯定自己的内在信念，为自己立下一个方向，借以鼓舞一生中的每一个行动。

为什么惠特尼轰轰烈烈地成功而那么多人失败了呢？他工作努力，可是别人也一样努力。他只在工作闲时自修，所以学历也不是问题的答案。问题的关键是，他知道他的方向。当他加班，当他调换工作，当他学习业务上的新知识时——他

所做的一切都是为了一个目的。

漫无目的是不能成功者的咒语。他们茫茫然地找个工作，茫茫然地结婚，他们蹉跎岁月，彷徨着期望事情会改变，心里却缺乏清楚的欲望和理想。

不知道这算不算一个人的"马萨达"，在你心中它有没有被攻陷的危险呢？用你信念的力量来证明它永远不会被攻陷，因为你生活在这个世界上是为了征服生活的。

看过这样的话——"凡是一个人在自己内心感到紧紧握住了自己的东西，凡是一个人情愿为之受苦甚至牺牲生命的东西，就是一个人的信念。它也许不值得，但没有它，别的就更不值得。"或者它不仅是信念，但在平凡的生活中，几乎没有什么需要我们牺牲了生命来证明。

从别人身上汲取信念的力量

坚定的信念、信心，以及那种能把信心感染给别人的特殊能力，全都是所有伟大宗教的要义。所有的大事业都是由一个有信心的人创立的，不管他是从哪里得到的原始构想。所有伟大的发明也都是信心的必然结果；要对自己有信心、对自己的构想有信心、对个人行动力有信心。杰出的超级推销员都了解这个道理，他们能充分地运用这种

威力，无论是广告宣传或是推销商品、推销构想，这就是他们之所以脱颖而出的法宝。任何成功的社会活动，其背后都有这么一个信心坚定的灵魂人物。他就是能激起别人热情的主角，他就是信心的源泉，他有能力把自己的信心传播到群众中去。想想看，仔细思考上面所讲的，你会发现，没有一句话是夸大之词。

你之所以能够接纳某种教派、接受某种产品、参与某个社会运动，这都是因为某个人使你对这些东西产生信心。你视某些人物为权威，是因为你信赖他。他们所讲的话你毫不怀疑，他们给你什么想法或建议，你都欣然接受，这就是信心。

有时，你会因误信某些人的花言巧语而上当，这种情形往往会使你深感痛苦。你会说："我再也不相信任何人了。"但是，你还是会的，因为"相信"是人的天性。你本能地会去相信别人，相信自己；如果你无法信任他人，这个世界简直难以想象。

著名的"哑嗓墨非"，有一次在某个广播节目里说，最便宜的投资就是：和气待人，处处表现你对他人的信任，你将会有意想不到的收获。他们的想法百分之百正确，衷心地信任他人永远会有回报的。

当然，你难免会有看错人的时

候，可是，这种情形毕竟占少数。大部分人费尽心力，只为了争取别人的信任。他们或许会辜负别人，甚至占别人便宜，但是，他们对你的信任会非常感激；他们不会让你失望的。

变被动为主动

每个人都会在某段时间陷入停滞不前的境界，布里斯托尔称这种情况为"高原状态"，布里斯托尔本人就是超过"高原状态"10年以后才开始发达的。他曾骄傲地说："我60多岁的收获，比从前60年的总和还要多。"

布里斯托尔告诉我们，他做到的你没有一样是做不到的。你一定能做得到（只要你有决心），说不定做的会比他更好。

你用不着花好几年的时间去摸索、去尝试。本书所说的原则会使你带着热切的盼望踏上旅程，向上走——现在就走。

别人花费好几年的功夫设计的保险柜，你可以用几个字母和数字的组合轻易打开。

你可以把本书的公式看成你的"生活"保险柜的一套密码，利用这套密码，很容易就可以打开成功之门，得到富裕的生活。

聪明人看到一套装备，不仅会问"做什么用的"，还会问"怎么用"，如果他知道怎么用，自然容易发挥它的效用。

在你等待真正开始时，如果稍微解释一下为什么布里斯托尔的公式绝对可靠，其他成千上万的公式则没有效果，你就会扫清所有的疑惑，带着前所未有的精神迈上旅途。

几乎超过95%的人活得很消极。他们并不是天生如此，也不是长大以后才养成这种态度而是在他小时候就在潜意识里形成这种被动模式。

小孩不肯在外人面前"表演"时，父母就会说他胆小。如此说就等于把胆小的种子种在他幼小的心里，使他一生挥之不去。

父母常常告诉小孩钱不是树上长出来的，老爸不是有钱人，每一毛钱都是辛苦赚来的等，也等于在他们心里种下失败的种子。假使盘子里剩下一点面包片，父母会告诉他成千上万的人正在挨饿，说不定有一天他也会抢这些碎片吃。父母经常告诉小孩，不能做这，不能做那。因此在他心里种下了无力感。

你可能曾经想要做一件富有挑战的事，可后来又停住了。因为，有一个无形的东西对你说："你最好别做，因为你会失败！"你知道它是从什么地方来的吗？这只是你的潜意识把你从小获得的印象送到意识而已，就是这个原因。

现在你了解为什么那么多人没有受到励志书籍的启发。因为他们看书所得的上进心立刻被从小印在脑中的消极态度打消掉。

如果你不愿使你的生活处处消极被动，那么你就应首先将那些消极的想法一律从心中清除干净，从而建立起积极的态度。

如果你请油漆工把你的房子从深颜色改为浅颜色，如果他足够专业的话，他首先会除去所有的油漆，然后再粉刷新油漆。当然他也可能在深色油漆上面刷几层浅色油漆，直到获得所要的颜色为止。但是深油漆仍然留在浅油漆下面，时间一久又会透出来。

正如前面所说的，布里斯托尔所倡导的理论基础就是先清除消极态度再建立起积极、建设性的意识。一旦变成5%的人中的一分子即积极的人，你就没有理由得不到你想要的东西，你会得到你想要的一切，随时到你想去的地方，你也会心满意足，这是一种理想实现的快乐。

你有没有把"无所不能"的观念装在脑中？有没有自信获得名气与财富或两者兼具？

你喜不喜欢阅读名人传记？这些故事使你振奋还是灰心？如果你有无所不能的精神，名人传记会鼓励你认为"别人办得到，我也办得到"。如果你一直受到消极态度的牵制，名人传记也没有什么用处，因为你现在的境况和书中人物的境况大不相同，你觉得永远达不到那种境地，因而泄气，甚至认为自己会潦倒一辈子。

我们把布里斯托尔这个伟大的理念说给你听，而你也能够在心里真正建立起这个理念，那么替"你"和"你的生活"写一本名人传记的日子就已经不远了。

你已经踏上旅程，这是你所有的旅行中最生动活泼的一次。你的肉眼所视仍旧是一般的景象，但是你的心灵所见无穷，你看到光明的远景，含有无限的发展潜力。

前面我们提到打开保险柜的密码包括一连串数字，如果正确使用这个密码，就可以打开保险柜。

从这里开始，我们将提供你开启幸福快乐生活的一套密码的每一个细节。

"你现在就是一个成功的人！"不必等到银行里存了很多钱或付清所有的账单之后才是成功的人，一旦有了成功的态度就已经是成功的人，因为有了这种态度以后，你能够获得任何你想要的东西。

也许有些人不同意这句话，他会问："我怎么认为我是成功的人？我没有钱，也没有什么贵重东西，更看不出将来会有什么好东西落在我身上。"

这个问题问得好让我们来研究研究。

假使你一无所有，突然收到一张 100 万元的支票。你会高兴得大叫："发财啦!"但是且慢，你有没有得到以往收到支票以前所没有的东西?

首先，你的支票必须拿到银行去兑现才能用，这表示你目前所有的并不比从前多。你想盖一幢漂亮的房子，需要花点时间，你必须去买地、找建筑师——好几个星期才设计出蓝图，你还要找建筑商，再需要很多时间才能把房子盖好。

继续想下去就知道了，如果有人给你一大笔钱，也得经过一段时间以后，才能改善你的环境。

有了成功的态度以后，你才具备"得到"一切的条件，这不是跟得到一张巨额支票一样吗? 这不就证明你现在就是成功的人吗? 你已经是个成功的人，因为你有了成功的态度。只有成功的态度才能使你获得你想要的一切，无论是金钱、事业或心灵的和平。

也许有人会说："你已经使我相信如果一心追求成功就会成功，但是还要等一段时间。我可没什么耐性，我现在就想成功。"

关于这一点，你必须记住这句至理名言：成功不是目的，而是一种过程。

当你看到前面只有通过奋斗才能获得成功的时候，你也许会觉得前途艰难，但当你具备了成功的态度以后，你第一次看到成功的曙光就会感到无比的轻松与愉快。

从得过且过到倾尽全力

歌德说："直到你能信任自己，你才知道如何生存。"成功的必要条件不在于要具备多么好的经济基础或天资，而是一份绝对的自信。

失败者并不一定都是蠢笨的人，他们中间有许多是才智过人的人，为什么会出现这样的情况呢? 因为他们辜负了上天给予他们的智力，当别人尽全力时，他们只尽了一份力，尽管付出不同，但结果却是一样，他们没有必胜的信心，只是凭借智力得过且过，当然注定失败。

成功不一定是靠超群的脑力，但对自己绝对的信心却是不可或缺的必要条件，只有绝对信心才能让自己倾力付出。

丘吉尔是英国著名的政治家，保守党领袖。世界反法西斯战争"领袖"之一，他受命于危难之际，领导英国人民取得了抗击德国法西斯战争的胜利。

丘吉尔的一生一直抱着一个信念，就是英雄可以创造历史，而他自己正是创造历史的英雄，命里注

定要发挥杰出人物的作用。丘吉尔实现了这个信念，他的一生正是叱咤风云的一生，因为他的存在，不但挽救了英国的命运，也挽救了整个世界的命运。他以其远见卓识、深刻的分析判断力、坚韧不拔的意志、决胜千里之外的政治魄力和雄辩的演说，在世界政治舞台上留下了永不磨灭的魅力；他以其为英国、为世界做出的伟大贡献留下了千古的英名。

丘吉尔爱好军事和政治，他毕生的精力都献给了军事和政治。他生性执拗，相当自信。他谋求权力，因为确实认为自己比别人更善于掌权。这种自信，使他具有坚韧不拔的意志。在政治生涯中，他几起几落。早在1906年，丘吉尔就入阁，先后担任殖民副大臣、商务大臣、内政大臣。在第一次世界大战前夕担任至关重要的海军大臣。然而，也是由于他的自信，或者说执拗，在一战中，他几次没有经上司同意，采取轻率的军事行动，最终使海军惨败于攻打土耳其达达尼尔海峡的战役中，他不得不辞去海军大臣职务。1917年，又被劳合·乔治首相任命为军需大臣；但是1929年大选，保守党失利，他不得不离开政府，直到第二次世界大战爆发，他度过了10年的"政治上的荒漠状态"。1940年他受命于危难之际，出

任首相，但1945年大选，他又被迫下野，直到1951年，77岁高龄再度出任首相。他坚韧不拔的意志使他在政治风浪中取得了胜利。

要想获得政治上的成功，只有聪明才智、反应敏捷、个人品德以及伟大事业的信念是不够的，还需要有为取得重大成就而敢冒一切风险的品质。丘吉尔是具有这种品质的，他是敢作敢为的。他在追求自己的理想和事业的过程中，不惜一切代价，他从不说"不行"或"失败"。

丘吉尔为实现政治抱负，迫不及待地想成为任何事件的核心人物。1904年他因保守党组织的新政府中没有给一个大臣职位而在下院倒戈，退出保守党加入自由党。他冒了极大的政治风险，这个赌注的风险说有多高就有多高。丘吉尔改变党属关系造成了巨大的冲击波，许多朋友指责他忘恩负义。因为反戈，丘吉尔由被捧为前途远大的年轻人而被称为"布伦海姆变节分子"，直到11年后，保守党人还提出将丘吉尔排除于内阁之外。但也因为倒戈，他当上了海军大臣。在20年后，他又回到了保守党，当上了财政大臣。

丘吉尔是在张伯伦"绥靖政策"破产，英国遭到德国攻击的危急形势下担任首相的。他以其远见卓识，正确的判断能力，坚毅的战斗决心

得到英国人民的信任。

以张伯伦为首的绥靖派，相信希特勒德国的"德国对英国没有敌意"的谎言，一味地对纳粹德国妥协退让，并支持德国进攻苏联。而丘吉尔对战争的形势进行分析，以其准确的判断能力敏锐地觉察到法西斯主义的威胁和野心，指出"德国正以历史上前所未有的规模扩充军备"，准备发动一场使欧洲"德意志化"的战争。他到处发表演说，旨在对德进行积极有力的战争。

他以其英明的主张同苏联化凤敌为盟友，争取美苏和其他同盟者。他说："我们英国只有一个目的，就是决心消灭希特勒和纳粹制度的一切痕迹。我们要给俄国和俄国人民以一切可能的援助。"

艾森豪威尔十分尊敬地赞扬丘吉尔的雄才大略，他说："通过战时与他交往，我发现，对他来说整个地球就像一位智者的操练场地，这位智者可以力图解决海陆空部队部署这样的紧迫问题，而几乎在同一瞬间，又能探索到遥远的未来，仔细考虑参战国在今后和平时期的作用，为他的听众设计着世界的命运。"

摒弃以往经验带来的消极影响

经验最伟大，同时也是最严格的老师。借由经验，你才能知道自己错在哪里。你会牢记这个教训，然后便开始调整自己，你知道你需要一股超越自己的力量，来替你收拾残局，来纠正你的观念。因此，在你发掘出那股内在威力的同时，你会说："我相信它。"这么一来，就有一股磁力发自你的体内，帮你引来各种有利的条件。最后，当你的梦想纷纷有了成果，一一成真时，你会说："果然没错。"

这就是信念发挥其威力的过程，这种信心纵然不是很正统的宗教信仰，却也是很玄奥的精神力量，历来的伟大精神领袖所用以教诲世人的，也就是这种信心。

人与人之间的心理争斗是无所不在的，不论在自由的国家，或是被奴役的国家。你必须时刻防范，不要被不当的言论所蛊惑，必须要有高度的警觉确定自己所相信的都是不偏不倚、千古不变的真理及事实。如果你不能做到这样，至少，你可以做到不妄下结论，不让不良情绪淹没了你的理性良知。

你应把这些话牢记在心，当你在看报纸、听广播、看电视的时候，你就会了解到：所有这些权威人士的言论都如出一辙，因为他们都有一个共同的目的——要我们相信他。这些人深谙此道。纵然如此，你仍要养成思考的习惯，把你所听到、

看到的言论研究一番，要有你自己的看法和判断。在你接受那些言论之前，尽量让自己能客观、公正地思考问题。

我们每一个人只要走在正轨上，心中持着"信则灵"的信心，以及"有志者事竟成"的决心，那么，不管追求的是什么，一定能成功。

换句话说，也就是要你每年365天，每个星期7天，每天24小时，每分每秒都把意志、信心和信仰化诸行动。只要你这么做，你就会出人头地的。

信心能使你朝着目标超速前进，怀疑则使你往反方向行走；信心永远有正面的引力，怀疑则只有破坏的力量。

这绝对没错。我们都知道，当内心有某些强烈的欲望时，这种欲望会对我们产生巨大的影响，而许多事物也都由于强烈的内心需求而得以实现。历来的经济变动，即因人们想追求更多的财富而发生。不过，有了欲望还要有必胜的信心，否则，再强烈的愿望（内在的祈求）都会化成泡影。

"只要你有信心，任何事都有希望。"这些话对你而言都不陌生，可是，你以前做到了多少？你现在又做到了多少？

信念——信心这种东西，当你抓住它后，它就会牢牢依附你。它必须深入你的内心，才能由内而外发挥出力量。当你对某种东西坚信不疑的时候，它就能在你的心灵上生根，而且，它的力量能够加倍地表现于外，只要你不让恐惧、烦忧改变内心的憧憬，亦即你给予潜意识的那幅梦想的原形。那么，它一定会有实现的一天，就像它曾经在意识领域中存在过那么真实。

只要有信心，那么，不妨再重复一次以前说过的话：

"你想要的一切都会变成你的。"

在逆境中获得勇气

有一个名叫拜雅的小孩子。他出生后不久，医生就告诉他父亲，拜雅将是一个终身聋哑的人。

拜雅的父亲感到非常悲痛，但他不肯接受这是一个无法改变的事实。在最绝望的时候，他依然谨记大哲学家爱默生的话："生命是教导我们不断锻炼自己的信心。无论任何情况之下，只要我们肯去聆听心灵的'声音'，它就会指引我们，带我们走向正确的路。"

拜雅的父亲坚信他的儿子绝不会是个终生聋哑的孩子，他这个强烈的愿望，一秒钟也没有退却过。他用祈祷的方式，时常对自己的儿子，用"心传心"的方式，将自己的信念传递进儿子的心灵。

这种不肯向逆境妥协的信念，慢慢地产生一个小奇迹。这位父亲写道：

"当拜雅逐渐长大，慢慢地开始对周围的事情产生兴趣，我们发觉到他竟然有轻微的听觉……虽然他没有说话的迹象，这个发现已经给予我们莫大的希望。"

不久，更大的奇迹开始出现了：

"我们买了一部留声机。当拜雅第一次听到音乐时，他几乎是完全陶醉在音乐的旋律里，很快地他把这部机器独占了。之后，我们发觉一个奇怪的现象：小拜雅把一张唱片放了又放，连续了大约2个小时之后，他就站在留声机前面，痴痴地用牙齿咬着留声机箱子的边缘。"

这个就是"骨头引导"声音的原理：小拜雅是利用牙齿与留声机的接触去"导引"声波来"欣赏"音乐。

拜雅拥有留声机之后，他的父亲发觉如果他以双唇碰触孩子的乳突骨并轻声说话，小拜雅是听得懂语言的（注：乳突骨在耳后头盖骨的基部）！如此，拜雅亦开始有正常的语言能力，虽然他的听觉仍然存在障碍。

拜雅的父亲，开始使用心灵的方法，令儿子有了说话的欲望，他在儿子睡前，述说许多关于信心、想象力、和如何改变自己命运的故事，令小拜雅觉得自己是一个正常而奋发的孩子。这位父亲写道：

"当拜雅大约7岁的时候，他第一次表现出我们对他的'输入程序'已奏效了。一连几个月，他要求到外面去卖报纸，但是他母亲对于他的要求始终不肯同意。

"到最后，他自己一个人去做这件事。某天下午，当仆人跟他一块儿留在家里的时候，他偷偷地爬过厨房的窗户，轻手轻脚地爬到外面，开始他的事业。他从隔壁的鞋匠那里借了6先令作为资本，然后把这些钱投资在报纸上，卖光后，连本带利一起再投资，这样反复地卖下去直到晚上，把款项清点，偿还了借来的6先令后，净赚42先令。我和太太晚上回家，发觉拜雅已熟睡，手里还紧握着这些钱。

"他的母亲掰开他的手掌，把钱币拿开，伤心地哭了起来，这又何苦呢？她实在不该为儿子的第一次胜利而哭泣。我的反应刚好相反，我心满意足地笑了，因为我知道自己努力种植在这孩子心灵里那自信心的种子已经萌芽了。

"他母亲看到的是儿子的第一次商业冒险——一个耳聋的小孩在外面的大街小巷去冒生命危险赚钱；我看到的是一个勇敢、有抱负、满怀自信的小商人——他自发性地投资而又取得胜利。"

小聋子拜雅完成了小学、中学和大学的课程。除非他的老师对他

大嚷，否则他无法听到老师的声音——他是在一种极受限制的封闭式范围内求学。拜雅不肯上聋哑学校，而他的父母亦不允许他学习手势语言。他的父亲觉得他必须过正常的生活，和正常的小孩子一起——虽然这种决定令他们时常要和学校的人员激辩。

当拜雅在高中求学的时候，他曾试用过一种电力助听器，这对他没有多大作用。然而，在拜雅大学毕业前一个星期，发生了一件改变他一生的重要事件，成为他生命中的转折点。

一间工厂送给拜雅一个电力助听器，作为实验用品。当拜雅把它戴在头上，接通电路之时，突然之间，他好像被神秘力量击中那样。他一生不匮信心地追求的愿望实现了：他第一次像正常人一样，有了正常的听觉！

由于这助听器所带给他的是梦寐以求的转变，拜雅欣喜若狂，他冲向电话机，打电话给母亲，清清楚楚地听到母亲的声音；第二天，他在课室里清楚地听到教授的声音，能够无拘无束地与同学交谈！

对一个"普通人"来说，聋而复聪已是一件最美好的事，也算是一个圆满结局，但拜雅自幼在他父亲的熏陶下，明白自信、创造性与分享的重要，立刻将这个"克服障碍"的过程变为一种资产。

拜雅写了一封信给助听器制造商，他兴奋地叙述他的经验。他的热诚令制造商大为感动，邀请拜雅到纽约的公司，参观工厂，并和管理阶层及工程师交谈。

这个过程当中，一个极具创造性的念头在拜雅的心中产生了。他要求制造商安排他去巡回接触全球数以万计的聋人，将自己的经历与大家分享，让他们能够借着这种新发明而过正常人的生活。

拜雅用了整整一个月的时间，进行一项彻底的研究，分析了这助听器制造商的销售系统，并想办法与全世界听力有困难的人士取得联系。为了跟他们一起来分享这个令聋者复聪的发明，他草拟了一个两年的宣传推广计划，并获得制造商的大力支持。

以后的日子，拜雅为千千万万的聋人带来了希望，也为他自己创造了一番事业，带来了很可观的财富。

信心加上行动，任何理想都可成为事实。这些人类心灵可以拥有的品质都是免费的！

永不绝望——不要落入失败的陷阱

伟大的德国作家歌德曾说过：

"能从绝望的处境中逃脱的人，必能学会坚强的意志，所以不要只是一味地烦恼，应立即采取行动，使自己从绝望中逃出来，你要相信新的一天会将你带到新的地方去。"

你觉得"信心"是一种摸不到、不实在的东西吗？你觉得它无法达到我们一再向你保证的那些目的吗？现在就给你一个活生生的例子，让你了解：在百万分之一的求生几率下，信心的力量如何解救一个人的生命。

1946年9月，有一位名叫威廉的水兵，被大浪冲下甲板。他身上并没有穿救生衣。当时是凌晨4点，他置身茫茫大海，远离海岸。没有人知道他上了甲板，当他落水的那一刻，他知道自己获救的机会几乎是零。可是，年轻的威廉并没有惊慌失措，他把身上的粗棉布衣脱下，同时在裤脚打结，让里头充满空气，把它当做临时的救生圈。

根据他事后的追述，当时他力图镇定。他以一个下士的训练告诉自己："不要担心未来。"他想，8点集合的时候，他们就会发现他不在船上，然后会派出救生艇出来搜救他，因为他们这条战舰的航行路线，跟一般商船的路线是大不相同的。

他异常地镇定，偶尔还试着把头靠在充气的棉布衣上休息。可是，波浪却不停地拍打着他，让他无法入睡。他抑制心中的恐惧，依赖他的信心，不断地暗自祈祷："主，请救救我吧！主，请救救我吧！"

可是，隔天早上，依然没有船只的影子，他开始有些消沉。由于受到海浪拍打，并喝了不少海水，他的身体变得相当虚弱。可是，他不曾失去信心，仍然不停地祈祷："主啊，请你救救我吧！"

那天下午3点，也就是在他落水后的11个小时，他被一艘叫"执行者"的美国货轮上的水手发现，而他们都觉得相当吃惊。

可是，更令他们难以理解的是，船长说不出他为什么要把船从平日的航线，更改为跟威廉所搭的战舰交叉的航线。要是他们不这么做的话，他根本无法经过原本在几百里外大洋中，等候救援的威廉身边。

威廉被救上来时，精神还算不错。他独自走上"执行者"的绳梯，而船上的水手都为他欢呼。

读过这篇报导后，你是否还会对"对那些满怀信心的人来说，没有不可能的事"这句话，有所怀疑呢？

到底是什么力量促使那位船长改变航线，将船航行到大洋中，把一个坚信自己信念的人救起来呢？

心灵和精神影响所及的范围是没有极限的。你有多大的信心呢？

在读过这个故事后，该会更坚定吧。你也许没有机会在这种急迫的环境里，去测试自己的信心，因此，对于日常生活的琐事，你大可很轻易地去完成。

要是你坚守信念的话，在某些年后，你将会有所成就的。

而这种信心应该是明确的，期望性的，毅然的，真诚的，要不然它便不能产生出"特别的力量"，对你也就没有作用。

万一身处险境，千万不要期待能在某一时间内得到回应，因为上天是不会在这段时间内觉察到的。限定时间将使你紧张，对自己能否及时得到援助也会感到怀疑。

你所要做的，只是确信救援会及时来到。威廉就是以如此的心态，将让上天所给予的本能挣脱束缚，进而对他提供援助和指引，去面对危难。

在他满怀信心，口中复诵"主啊，请你救救我吧"时，威廉对自己没有丝毫怀疑。他一直深信自己将会被解救，而事实也果真如此。

永远地摒除心中的疑虑，因为"只要坚信，梦想便会成真"。

爬出失败陷阱的方法

面对困难，你很容易陷入一种"无力感陷阱"，而不能像小伙子威廉那样努力挣扎，向死而生。

毫无疑问，在前进的道路上总会遇到困难，如何面对困难是每个人都要面对的问题。

少数人把困难看做一次机遇和挑战，他们往往在困难面前毫不犹豫地采取主动，这些人通常是成功者；而多数人只是被动逃避困难，即使是一个小小的问题也足以摧毁他的意志，面对困难，你很容易陷入一种"无力感陷阱"。

"无力感陷阱"有3个组成部分。

第一个陷阱：困难"永远存在"。

第二个陷阱：困难"无所不在"。

第三个陷阱：困难"是我造成的"。

怎样从这样的陷阱中解脱出来？

第一个陷阱的解脱法：

困难真的是"永远存在"的吗？你可以先不要给自己一个结论，朝它可能是暂时性方面想想看。

也许你很幸运地在仔细考虑之后，发现那困难的确只是一个暂时现象，但如果你始终无法找到有力的证据，那么索性不要找现实中的证据了，用你的想象力反复告诉自己"这一切总会过去"，多重复几次你一定会从第一种陷阱中爬出来。

第二个陷阱的解脱法：

是问题"无所不在"，还是你把问题一直带在心里？不要轻易成为问题的牺牲品。

换个角度，不要再去想那个"无所不在"的困难，而多花些心思用在解决问题上，也许那个"无所不在"的问题是个很容易解决的问题。

即使无法解决这个"无所不在"的问题，也不用每时每刻把它挂在心上，因为这个问题最多只能影响你的一部分，如果它毁掉了你的全部生活，也是你那个"无所不在"的想法助长了它的破坏力。

"无所不在"的问题对你的整个生命来说，只是个小问题，试着去解决，解决不了就把它丢掉。

第三个陷阱的解脱法：

有人出了问题，他大声叫道："见鬼，我又出错了，啊，上帝！一切都没错，只有我是错误的!"

把所有问题全部往身上揽并不是一种美德，这种习惯的养成最初可能只是一次小小的错误由你而发生，于是让你产生这种"一切都因为我才……"的怀疑，然后你自己把这种怀疑变成一种反面的信念。于是你真的变成了一个失败者。

当第一个问题出现时，千万不要让自己有机会产生这种"问题在我"的怀疑。

亿万富翁也会有破产的一天，所以你不必为自己的有限储蓄不思进取，最可靠的保证是你每天都在进步而不是倒退。

只有那种进取的生活才是最令人放心和欣慰的。

不要忽视小小的进步，如果这个进步是持续不断的。

曾有人问过爱因斯坦世界上最有力量的是什么？爱因斯坦思索了一会儿回答："高利。"高利是指银行中的本金衍生出的利息。对个人来说每个进步的"高利"也同样意义重大。

试想你每天进步百分之一，一年之后你几乎进步了三倍之多。所以不要忽视小小的进步，如果这个进步是持续不断的。

虚伪的热情不是真正的改变

你热烈、疯狂吗？生活在天地间的我们，若能献出自己的力量，如骄阳之壮烈；若能展开自己的爱情，如春花之绚丽，那么，生活过而不枉此生，热爱过而有真爱，短暂的一生便不只是一生。

已故的佛里德利·威尔森，曾是纽约中央铁路公司的总裁，他有次在广播访问中，被问到如何才能使事业成功，这是他的回答："我深切地认为，一个人的经验越多，对事业就越认真，这是一般人很容易就会忽略的成功秘诀。成功者和失败者的聪明才智，相差并不大。

如果两者的实力相当的话，对工作较富热诚的人，一定比较容易成功。一个具实力而富热诚，和一个虽具实力但不热诚的人相比，前者的成功也多半会胜过后者。"

"一个热诚的人，不论是在挖土，或是经营大公司，都认为自己的工作是一项神圣的天职，并怀着深切的兴趣。对自己的工作热诚的人，不论工作有多么困难，或需要多大的气力，都始终会用不急不躁的态度去进行。只要抱着这种态度，任何人都会成功，都会实现目标。爱默生说过：'有史以来没有任何一件伟大的事业不是因为热诚而成功的。'事实上，这不是一段单纯而美丽的话语，而是迈向成功之路的路标。"

如果你读了本书，只体会到对工作具有热诚是最重要的事，而没有其他收获的话，也没有关系。光是这一点，就可帮助你走上成功之路了。

因为，对工作热诚，是一切希望成功的人——像创造的艺术家、卖肥皂的人、图书馆的管理员，以及追求家庭幸福的人必须具备的条件。

热诚这个字眼，源自希腊语，意思是"受了神的启示"。

对工作热诚的人，具有无限的力量。威廉·费尔波是耶鲁大学最著名而且受欢迎的教授之一。在他那本富启示性的《工作的兴奋》中，如此写着："对我来说，教书凌驾于一切技术或职业之上。如果有热诚这回事，这就是热诚了。我爱好教书，正如画家爱好绘画、歌手爱好歌唱、诗人爱好写诗一样。每天起床之前，我就兴奋地想着有关学生的事……人在一生之所以能够成功，最重要的因素就是对自己每天的工作抱着热诚的态度。"

那么我们将怎样发挥热情呢？下面有几条简单有效的方法会点燃你的热情：

1. 天天替自己加油打气。

这个方法孩子气吗？也许。许多相当成功的人都发觉这是个建立热心的好方法。新闻分析家卡特本说，他年轻而毫无见闻的时候，在法国当推销员，每天走访一户又一户的人家，每天出发以前都要对自己说一番勤勉的话。

魔术大师荷华·索士第常在他的化妆室里跳上跳下，一次又一次大声喊道："我爱我的观众。"直到他的血液沸腾起来；然后他才走到舞台上，呈现一次充满活力和愉快的表演。

我们大部分人都是半醒半睡地生活着。为什么你不在每天早上对自己说："我爱我的工作，我将要把我的能力完全发挥出来。我很高兴

这样活着——我今天将要百分之百地活着。"

2. 训练自己以"服务别人"的字眼来思考。

亚里士多德提倡"开通的自私",这对每一个追求进步的人都是个好方法。

一个以自己为中心的工作者,一只眼睛注视着时钟,另一只眼睛则注视着他的薪水,这样的人必定很厌烦、很懒,而且不会成功。

为别人服务会产生热忱——许多有能力的人选择低薪的社会服务和传教工作,而不去从事比较自我的职业以赚取更多的钱,这就是例证。

打游击战术也许暂时会成功,但是最后都会失败。最好是让大家都伸出援助的双手,而不是把他们的脚伸出来绊倒我们。

3. 结交热心的朋友,但有些是一定要避免的。

爱默生说:"我最需要的,是有个人能鼓励我做我能做的事。"

我们可以尝试培养朋友和活力,以刺激他们更有创造力地思考和生活。

还有一些相对的建议——是帕西·H·怀亭在《售货的五大原则》一书中所提出来的有价值的劝告,他说:"避免和那些闷闷不乐的人交往,那些缺乏热心,那些把他们的脚步和心思消磨在天天不变的例行工作上的人。"

4. 强迫你自己热心地工作,你将会变得很热心。

这是布里斯托尔的主张吗?噢,不是的。威廉·詹姆斯教授在我们未出生以前,就在哈佛大学教导这个哲学了。

"如果你想要一种情绪,"詹姆斯说,"你就当做你已经用了这种情绪这样工作着,而假装你已经有了这种情绪,就必须学会使你真的拥有这种情绪。如果你想要快乐,就快乐地工作。"

古语说:"不论你抓在手里的是什么,别忘了最终的结果,那你就不会失去什么了。"

彻底改变从犹豫不决开始

公元前1世纪时,罗马的恺撒大帝统率他的军队抵达英吉利以后,决心绝不退却。为了使士兵们知道他的决心,便当着士兵的面,将所有的船只全部焚毁。

许多人往往在开始做事的时候便留着一条后路,作为遭遇困难时的退路,这样哪能成就伟大的事业?

绝无后路的军队,才能决战制胜。所以无论做什么事,必须抱着破釜沉舟的决心,勇往直前,遇到任何障碍都不能后退,若是立志不

坚，遇难便退，那绝不会有成功的一日。

一生的成败，全系于意志力的强弱。意志力坚强的人，遇到任何艰难障碍，都能排除万难，去除障碍，玉汝于成。而意志薄弱者，一遇挫折，便颓丧退缩，导致失败。

实际生活中有许多意志薄弱的青年。他们很希望上进只是没有坚强的决心，不抱着破釜沉舟的信念，一遇挫折立即后退。

下了决心，不留后路，竭尽全力，向前进取，那么即使遭遇千万困难，也不会退缩。

如果抱着非达目标不可的决心，就会排除阻碍，获得胜利，把那犹豫、胆怯等妖魔全部赶走。成功之敌，在坚定的决心下，必无留存的余地。

有了决心，便能克服种种艰难，获得胜利，得到一般人的敬仰。有决心的人，必定是个胜利者。有决心，才能增强信心，充分发挥才智，从而在事业上取得伟大的成就。

犹豫不决的恶习，深入了许多人的骨髓，那些人无论做什么事，总是留着一条退路，无破釜沉舟的勇气。人如果下定了决心，便会有坚强的信念，破除犹豫不决的恶习，把世界给予人类的因循守旧、苟且偷生等最大的窃贼，一齐捆缚起来。

事事因循苟且而等待将来，确实是个恶习。如果你有这恶习，请速将其抛弃。无论问题多么困难，都应该把它放在面前，考虑解决，决不可任其延误、耽搁。

有决策能力的人，一遇事情便会立即决策。无决策能力的人，要决定是非，总是逢人便商量，再三考虑，这样终至一无所成。

如果养成了决定以后不复更改的习惯，那么在决策时，便会运用自己的最佳判断力。假若你的决策不过是个试验，因为明知不是最后的决断，就容易使你有重复考虑的余地，就不会产生一个美满的决策。

因为决策绝不能更改，明知未经深思熟虑的决策，不会美满，实行了将徒受牺牲，就要在决策之前，小心翼翼地不妄加判断，这样便会发挥自己的最佳判断力。

世上最可怜的人就是犹豫不决的人。如果有了事情，一定要与他人商量，不去依靠自己，而去依靠他人，这种性格犹豫意志不坚定的人，既不相信自己，也不为他人所信赖。

好多人怕决断事情，不敢负责任。之所以如此，是因为不知道事情的结果怎样。他们怕如果今天决断了一件事情，明天会有更好的事情发现，以致对于第一个决断发生懊悔。许多惯于犹豫者，不敢相信他们自己能解决重要的事情，许多人因犹豫不决，破坏了他们美好的理想。

决断迅速的人，不免要发生错误，可是，毕竟比一些犹豫者好得多，做事迅速，犹豫者简直不敢开始工作。

当犹豫不决这阴险的仇敌还没有伤害你的力量，破坏你求生机会之前，就要即刻把它置之死地，不要等到明天，今天就该开始。要逼着自己，常去练习坚定的决断，事情简单时更须立刻决断，切不要犹豫。

陷入进退两难的地步，更要竭其全力来打开出路。

伟人是需要创造出来的，他们为了战胜一切困难克服种种艰苦，才发挥他们极大的力量，成为名垂青史的人。

美国有许多伟人，起先所做的事，一点没有表现自己的能力，直到厄运毁灭了他们的产业，把他们依赖着的谋生方式夺去以后，才发出真正的力量来。

有好多人，一定要等到他们的才干消失以后，才能表现他们的才干。人的力量往往就潜伏在里面，到了需要表现时，才会激发出来。

人只有当破釜沉舟后路断绝，没有外力扶助的时候才能启发潜在的能力。当有外力扶助的时候，绝不知道自己的力量。有许多青年，他们之所以成功，要归功于厄运使他们丧失了扶助者，如亲属的死亡或失散；或是失去职业；或是遇到了灾祸，于是他们只有靠自己，被迫去为自己奋斗！

因为失去了依靠，被迫奋斗的青年，便养成了刚毅果敢的独立性。这种独立性，是在依靠他人生活时他们从未梦想得到的。

责任乃是能力的最大激发者。没有责任心的人，永远不会焕发真正的力量。有许多身体强健的青年，都处在平庸的地位，替人工作，他们之所以老是处于这样的地位，是因为没有重大的责任，来焕发他们的力量。他们只是依照着别人的规划去做，从不想别出心裁，来表现自己的才能。

当你把重担放在肩头，便会精神焕发，运用自己固有的能力完成任务。其他如自信、刚毅等特性，都能为责任所激发。朋友，如果责任临头的时候，快乐地欢迎吧，它是使你成功的绝好机会。

犹豫不决，影响人格的建立，它不仅使勇气消失，意志消沉，而且破坏自信力和判断力，破坏理智的效能。

坚定决断的力量，与才干有着密切的关系。没有决断力，就像一艘船，永远漂流在狂风暴雨的深海里面，永远达不到目的地。

绝不轻言放弃

非洲大草原有一种很不起眼的小动物，叫"吸血蝙蝠"，别看它不起眼，却称得上是野马的天敌。它常常像膏药或吸盘一样附在野马的腿上，用尖锐的牙齿以迅雷不及掩耳之势咬破野马的皮，然后贪得无厌地吸血。无论野马怎样奔跑，腾越，挣扎，嘶叫，暴怒，都无济于事，最终都将在流血中绝望地死去……在追求事业成功的过程中，每一个人都要有一种吸血蝙蝠这种执著的精神，无论阻力多么大，是一只多么暴烈的野马，都要死死咬住不放，一直到把它的血吸干！

在半途而废的语言里，你会发现他们妥协的信念。他们经常使用这样一些句子表达："那已足够了"、"这个活路（工作）的最低要求是什么"、"需要达到哪种程度，我们就进行到哪种程度"、"事情可能会变坏"、"记得当……"、"这不值"、"在你年轻的时候……"我们还能听到半途而废者对攀登的认识，他们说攀登并不是像他人说得那样十全十美，他们合理地解释了他们为什么不去攀登。而真正的攀登者会说："让我们干！"

另一方面，攀登者的语言充满了诸多可能性。攀登者总是说能做

什么以及如何去做。他们谈论行动，他们的语言是与行动不可分离的，所以，对那些没有任何行动支持的语言，他们是不喜欢的。

诺特拉·丹蒙足球队的教练劳·荷尔兹有一段精彩的传奇，他是从来都不能容忍借口和不行动的。荷尔兹在少年时很穷，也很凄惨，并且患有严重的结巴，他非常害怕在公共场所讲话，以致到了不敢去上口语课的程度。这对他来说是致命的，也是不合适的。

一天，他找到了给自己确定人生目标的力量（他学会了这种力量），他为自己确定了 107 个目标，其中包括：与美国总统进餐、漂流蛇河、会见波普、跳伞中尽量延长张伞的时间、做诺特拉·丹蒙队的教练、获得年度冠军、锦标赛冠军，等等。今天，荷尔兹已经完成了他 107 项目标中的 98 项。他获得了声誉，他创造了自己的能力，他可以自由地用语言表达他想要表达的一切，他不断去赢得胜利。荷尔兹不仅战胜了对自己不利的逆境，还战胜了许多我们认为或许不可能战胜的东西。

你能听到攀登者像荷尔兹那样说："立即干"、"做得最好"、"尽你全力"、"不退缩"、"我们能产生什么"、"总有办法"、"问题不在于假设，而在于它究竟怎样"、"没有

被做并不意味不能做"、"让我们干"、"现在就行动"这些就是攀登者热爱的语言。他们是真正的行动者，他们总要求行动，追求行动的结果，他们的语言恰好反映了他们追求的方向。

没有人能保证生命是公平的，即使有人假设生命本身就是公平的，但这没有用。对于每一个人来说，生命事实上怎样也就表明生命本身是怎样的。放弃者几乎没有能力，这也就是他们要放弃的原因。但这种情况并不是一成不变的，放弃者并不是注定要由别人来决定他是否能成为一位攀登者的。我们相信放弃者也是可以改变的，这是个好消息。通过帮助，我们发现放弃者同样回到向上攀登的路上，他们那内在的"往上爬"的力量又活过来了。这将引导他们攀登。

半途而废者可能已经经受了很大的逆境才获得了他们现在的地位，他们现在所拥有的东西也是通过努力奋斗才获得的。但不幸的是，恰恰由于那种逆境最终使他们开始权衡危险和收获。他们觉得付出太大，收获又太小。这样，半途而废者放弃了再攀登，他们像放弃者一样停止行动。现在，半途而废者又来到了一种有限逆境的门口，但他们已有充足的理由放弃"往上爬"。对他们来说，存在着一种不切实际的信念，即认为经过一些年的时间或一定的努力后，生命就应该相应地摆脱逆境。有了这样的信念，放弃"往上爬"就是再正常不过了。攀登的代价是很大的，谁都不能掩饰这点，但是收获同样也是很大的。那些不愿悔改的半途而废者将付出比攀登更大的代价，他们将不会知道他们能干什么以及能完成什么，他们对自己未来的可能性不会有任何的认识了。

攀登者整个的生活就是面对和克服无穷无尽的逆境，这种逆境像潮流一样不断地向他们涌来。攀登者将继续不断地往上爬，因为他们经历了比放弃者和半途而废者多得多的逆境。攀登如同逆水游泳，它要求永不停止的能量、牺牲和奉献，它要求不断向前冲击。事实上，我们可以看到，许多攀登者来自于不利的环境，他们生活过的世界也就是被逆境淹没的世界，攀登者正是从这样的世界中走出来的。这就是我们在读一些创业者的故事时所发现的一个普遍的特征：在他们生活的某一段时间里，他们经常面对重大的逆境。我们每一个人都要记住这点。没有一个人是彻底一帆风顺地走过来的。攀登者很好地理解了这点，他们明白逆境是生命的组成部分——回避逆境的人，相应地他也回避了生命。

以信心为支点超越自我

美国著名喜剧演员斯蒂文·赖特所说的一段话："在生活中你要知道，当你坐在椅子上与椅子一起往后仰时，椅子的两条后腿是你唯一的支点，你一直往后仰，到几乎就要摔倒的地步，但是你没有摔倒，就是在这最后一秒钟里，你把握住了自己，这就是我在生活中最深切的感受。"

这唯一的支点便是你的信心。

不管是一个大企业、一座村庄、一个城市，还是一个国家都是用某种思想和信念控制和管理的个人的集合体。它们都像个人那样，依靠思考和相信行动，一个城市的人怎样思考，这城市就会变成怎样的城市。这是一条不可避免的结论。每个人都是自己塑造的，他的形象反映了他的思想和信念，诚如所罗门皇帝所说："人如其思。"

在即将举行的一些重大体育比赛以前，院校总要组织集会，用演讲、歌声、呐喊等老一套方式来激发参赛者的信心。许多销售经理采用类似的方法，在上午的销售会议上，常常用音乐来感染推销员，使他们产生出一种想法，即能够打破以往的销售记录。用不同的技巧贯彻同样的原理是军队甚至是所有部

队的基石。命令和纪律在反复的口令训练中养成了士兵的服从命令是军人天职的观念，进而变成了本能。命令和纪律已牢固地树立在士兵们的心目中，以至他们的行动几乎是自觉的。所有这些会产生一种自信心，而这在活生生的战斗中是必不可少的。

有一个小偷兼抢劫犯是一个极度冷漠的人，酗酒而且吸毒，又爱闹事，曾经因醉酒杀人而被判刑。他的两个孩子中一个步了他的后尘，被关进监狱里，原因也杀了人；另一个则完全不同，那孩子婚姻美满、家庭幸福，从不喝酒、吸毒，还是一家公司的负责人之一。为什么两个儿子差别这么大呢？同一个父亲，同样的生活环境，竟然成长得完全不同！

是什么原因造成他们现在这种状况呢？俗话说，龙生九子，各有不同。这句话对那种认为"近朱者赤，近墨者黑"的人是一种讽刺。如果认为一个人的成长受环境的影响，有什么样的遭遇就有什么样的人生，那就实在是太荒唐了。上面讲的那个例子告诉我们：影响人生的绝不是环境，也不是人生成长的遭遇，而是我们对人生所持有的信仰，对生活的信念。

我们应该铭记，信念来源于往昔的各种各样的经历，来自于曾有

过的酸、甜、苦、辣，来自于我们从未注意到自己的信念是怎样一点一滴地形成的，也没有想到这些信念只不过是一些认识的结果。甚至，我们不知道那些信念也是一部分错误认识的产物，却仍然奉之为神圣，让它主宰我们的生活。

对于信念，我们从来都是深信不疑的，从来都觉得源于信念的一切言行都是天经地义的，从不怀疑这么做究竟有没有道理。其实，这种观念和态度应该改变，如果我们想改变生活，丢弃旧有的习惯，那么就必须改变我们的信念，没有哪一个人无缘无故地做什么事，一切言行都来自于信念，因为信念的改变才会有言行上的不同。

当然，信念的力量是不可忽视的，也是一把双刃的利剑，即创造力和破坏力。怎样去认识这柄双刃利剑，会使你获得不同的力量，人们对人生、生活往往会赋予自己的想法和意义，人生就因这种想法而不同，积极的想法能催人向上，使人振奋，乐观地面对困苦；消极的想法往往会毁掉一个生活得很好的人。人生之事十之八九不如意，这是常理。一般地，人生中总要经历一些苦痛和考验，要想不被痛苦毁掉，就必须具备积极的信念不可。

这个道理是心理学家的研究成果。心理医生维尔托·弗朗拜尔曾经对集中营进行研究，他发现像奥辛威斯集中营之类的种族灭绝的屠杀事件里也隐含有极深的道理。那些劫后余生的人实在是了不起，维尔托医生发现他们有一个共同的特征：不但能忍受折磨，而且能以积极的人生信念去面对那些惨绝人寰的痛苦事件，这些犹太人相信，有一天历史会记住一切，会告诉世人集中营中发生的一切。

一切事实表明，信念具有神奇的威力，也是我们成就事业与面对生活的唯一支点。

第三章　用潜意识引导信念的实现

> 当困难或不幸无法避免时，你应该开始学习忍耐，且勇于面对，并想办法克服。每个人心里都潜藏着无限的智慧和能力，若能善加利用，便能发挥无比威力，但不幸的是，人们往往不能觉察到自己惊人的潜在力。
>
> ——戴尔·卡耐基

> 播下一个行动，你将收获一种习惯；播下一种习惯，你将收获一种性格；播下一种性格，你将收获一种命运。如果能热心又忠实地培养信念的种子的话，你必然会站在高处去面对环境，并且发现自己能有对环境指挥若定的伟大力量。
>
> ——《创造人生奇迹》

300 多年前，在英格兰生活着一个勇敢的人，他的名字叫汉弗莱·吉尔伯特。那时，美洲没有白人。这块土地被森林覆盖着，而现在却是城市星罗棋布，良田比比皆是。当时，那里只有树林和沼泽地，印第安人在那里生活，野兽在那里游荡。

汉弗莱·吉尔伯特爵士是第一个企图到美洲定居的人。他曾与同伴两次漂洋过海试图登上美洲大陆，但两次均告失败，又驶回了英格兰。第二次，他乘坐一艘叫"松鼠"号的小船，另一只叫"金鹿"号，两条船相隔不远。在他们离开陆地 3 天的时候，风停了，船只在波浪中漂荡。夜晚来临，气温骤冷，风从东边刮来。巨大的漂浮的冰山开始在他们周围聚拢。清晨，两只小船几乎被漂来的冰山埋没。"金鹿"号船上的人们看到汉弗莱爵士手里拿着一本打开的书，坐在"松鼠"号船的甲板上，他朝他们打招呼说：

"勇敢些，朋友们！我们在海上和在陆地上一样都挨着天堂。"

天又黑了，这是个暴风雨之夜，

雷电交加。"金鹿"船上的人们突然看到"松鼠"号的灯光熄灭了。这只小船连同汉弗莱爵士及其同行的勇士们都被波涛吞没了。

波涛吞没了他的身体，但却没能吞没他的信念。任何一片新大陆，一项新事业的开创都会伴随着无数有开拓信念的人的牺牲。

当我们踏上信心革命旅程时，成功女神的足音也开始回荡，她在走近你，生活的法则将证明：谁能将信心的力量发挥出来，谁就会获得成功女神全部的青睐！

认识无价之宝——潜意识中的速成自信

"速成自信"是一种内在的火种，一种流动快捷的自我肯定。它可以使我们的心灵欢唱，使我们进入清新爽快的生活境界。

这是一个按钮时代，我们的需要往往会立刻得到满足。

我们除了有造好的"速成"咖啡之外，还有从橘子水到冰冻蔬菜，乃至冰冻晚餐的制品，从冰箱拿出来放到桌上，送进口中，几乎只需要转眼的功夫。

"速成"或"立即"，是现代社会的一个关键用语：我们只要跟现代工业的奇迹相互应和——几乎每一个人都可以——就可以节省时间和精力。

你只要把电视机的开关一扭开，马上就可以看到战争、狂暴、火灾，以及风云人物，这都是现代戏剧性世界中，构成报纸头条新闻的条件。

再按另一个电钮，你的房间里便充满了音乐——只需要一瞬间工夫。

许多人对这些"立即"机器的好处表示怀疑：他们觉得这种"进步"说不定是一种真正的退化，我们有时对于这种超级文明的"享受"的某些太密、太滑、太快的特质，也会发生疑惑。

不过，这一节要谈的是"速成"自信——这是我们大家不时需要的一种长处。不论我们是什么人，不论我们的年龄是老是少，不论我们的身份地位如何，都有此种需要。

它是一种内在的火种，一种流动快捷的自我肯定：它可以使我们的心灵欢唱，建立积极的习惯，使我们顺利地进入清新爽快的生活境界。

我们每一个人的内心都有着速成的自信，在等着我们去加以运用。有生以来，我们都曾有过失败、成功，以及种种混杂的经验。我们要减少对失败的回忆，决心超越失败，将回想过去的成功当做一种习惯，我们应以我们的心怀感过去的成功，谦逊而不吹嘘地回味成功的滋味，

自我肯定和自信就会成为我们的第二天性，变成一种永久的财富，随时可以使用。不断诵念、反复观照，时时强调我们的得意时刻，这样就可以在我们心中形成一种经常流动的动力——速成自信。

你的咖啡是文火慢慢煮的好，还是一泡就成的好，这也许是一件有争论的事情。你的橘子汁是用手挤出的好，还是一冲就成的好，这也是一个有争论的问题。

但速成自信，则是无可争论的事情。对于能够受用它的人，它是一种宝贝：它是一种无价之宝，它的效力无可置疑。

你需要这种自信，你需要这种自信的本领，才能充分发挥你的能力，才能积极地跃入人生的行动。

你需要这种自信，去促使自己进入一种富于动力的生活模式。

最大限度地利用潜意识的宝藏

可能你已经无数次地听到这样的说法："只要相信你能做这件事，你就一定能够做到。"任何事情，只要你一开始对自己充满信心，就一定能达到目的。信念往往驱使一个人创造出人们难以想象的奇迹。信念是原动力，能够产生通向成功的无穷力量。

无论在足球赛上，在战场上，还是在激烈的商品竞争中，指挥员总是呼唤："上吧，朋友们，我们能够战胜他们。"这种信念的呼唤具有强烈的鼓动性，能够扭转局势，夺取胜利。之所以能从失败走向胜利，是因为坚强的信奉者确信"能做好它"。

假如你遇上乘坐的船失事，你在靠近多岩石的海滨里挣扎。此刻，你可能担心没有逃生的机会。突然，有了一种预感：你会被人救起，或你能自己救自己。当你产生了这种预感时，就意味着一种信念的萌发。接着会产生一种支撑你的力量，让你等到救援船只的到来。

著名的心理学家沃尔特·迪尔·斯科特博士在讲述一件事时说："事业的成功与失败，与其说取决于人的智能，不如说取决于人的精神态度。"1938 年 10 月 20 日晚上，奥逊·韦尔斯和他的马科剧团在广播中演播了由哈·哥·韦尔斯的小说《星球大战》改编的戏剧。故事说的是地球遭到来自火星上的入侵者的侵犯。但这出剧的播出引起了成千上万人的恐惧，有些人冲出房门，警察局受到包围，电话总机被占线，几百万听众吓得魂不附体，他们真的以为地球遭到了来自火星上的入侵者的进攻。由此可见，对于某些事物的认知会引起意想不到、非同寻常的后果。

只有当你意识到某些事情会伤害你或者给你带来烦恼时，你才会真正理解"初生牛犊不怕虎"、"无知是最大的快乐"等名言具有深刻含义。我们都听说过这样的事，一个人在做某件事之前并不知道这件事不能做，但他不但去做了，而且做成了。心理学家说过，婴儿只怕两件事：突如其来的喧嚣声和摔跤。以后随着一个人经历的不断积累，害怕的东西也就更多了。这些害怕来自于我们的亲身体验、耳闻目睹。人们应该像坚固的橡树那样，在各种思想逆流的包围中站稳脚跟。但是许许多多的人却像幼苗那样随风摇摆，最终在他们所遇到的某些强大思潮左右下长大成人。

我们知道，避邪物、护身符、吉祥物、四叶苜蓿、旧马蹄铁、兔子脚等许多小东西，都被成千上万的人所迷信。就它们本身而言，都是些无生灵的小玩意。然而，一旦人们把自己的想法加于它们身上，它们便有了生命。尽管这些东西本身并不存在力量，但他们确有力量。这种力量仅仅来自于人们的信念，只有人们的信念才使它们有了效能。

有关这方面的解释，可以举出很典型的例子，即亚历山大大帝和拿破仑的故事。在亚历山大统治时期，一位预言家声称，谁能解开戈迪阿斯难结，谁就能成为整个亚细亚的统治者。亚历山大用他的剑一下子就割断了结，成了至高无上的统治者。拿破仑孩提时期得到了一块蓝宝石，有人预言这块蓝宝石将给他带来好运，总有一天他将成为皇帝。还有什么东西能够使这位杰出人物成为法国的皇帝呢？拿破仑和亚历山大之所以能成为至高无上者，是因为他们有着非凡的信念。

一面破损的镜子并不会给你带来灾难，除非你是这样认为的，如果这种想法在孕育，在增强，以至成为你内心世界的一部分，不管你相信与否，灾难将会降临在你的头上。因为潜意识心理总是实现它所相信的东西。

伯德和汤普金斯所著的《植物的秘密生活》一书说道，有些人具有某种促进农作物生长的心理能力。比如他们所种的粮食、蔬菜、花、树木等能结出丰硕的果实。几年前，有一位瑞士的老花匠，坚持要布里斯托尔在院子里重新种植一批小树和灌木。一开始布里斯托尔对挖掘掉老树，种植新树不能理解，但老人坚持要这样做。当他将树根埋入泥土后，老人便经常说一些莫名其妙的话，在种植灌木时，也是如此。一天布里斯托尔出于好奇心去问他："你在种植树和灌木时，喃喃地说些什么？"他的眼光在布里斯托尔脸上逗留了一会儿，然后说："你也许并

不明白，我在跟它们交谈，告诉它们必须生长、结果。这是我小时候在自己国家里跟老师学的。任何一样东西的生长都需要鼓励。这就是我要对它们说话的原因。"有些人对植物似乎有一种亲切感，而植物好像也感觉到了。许许多多的园丁往往选在月光照耀下播种植物。你会说，这是迷信。也许这是一种实际的玄想。耶鲁大学调查的结果表明，电磁场在植物生命力方面起着举足轻重的作用。这当然是科学见解。

信念是伟大的。《圣经》上曾告诫说："哪里没有幻想，哪里的人就会消亡。"这句话无论对个人还是对集体都是一条不可颠覆的真理。对所要做的事情缺乏心理想象就可能一事无成。你期望一个理想的工作吗？当你给自己的潜意识描绘一幅你获得理想工作的心理图像时，你就能如愿以偿。

突破潜意识中的消极束缚

有一次，恺撒的军队受到敌人的袭击，部下急忙飞奔前来报告军情："恺撒大人，四面八方都是敌军，该如何是好？"部下虽急，恺撒却安如泰山、不为所动地说："各个击破！"

为了实现你的愿望，你应该采用这个方法。再怎么难于实现的愿望，只要把它细分成小部分，其实现便易如反掌。对于细分过的小目标，在心中诵念着"我一定可以做到"，按部就班地各个击破即可。在不知不觉中你已完成了整个大目标。

我们几乎可以断定："古今中外被称为一流人物者，不曾活用潜意识力量而成功的人，可以说没有。"

潜意识就像一座肥沃的田园。如果我们不去播下美丽果实的种子，那么消极的野草就会在这田园中蔓延生长。因此，自我暗示就好像一个控制站，我们可以有意识地运用创造性想象力去播下积极性的种子；不然的话，我们会因疏忽任由消极性甚至破坏性的种子侵入这田园。

任何一个大脑及神经系统正常的人，在他生活的每一天，都会不断地产生新的思想和感觉。如果这些思想与感觉是积极性的（例如想象自己成功地完成一项任务感到满足快慰），你就在潜意识这肥沃的田园播下了美丽果实的种子。如果这思想与感觉是消极性的（例如想象自己无法完成一项任务，感到挫折的痛苦），你就在潜意识这肥沃的田园播下了杂草的种子。

种瓜得瓜，种豆得豆。不断地自我暗示创富的念头，你就会成为富人俱乐部会员；不断地自我暗示穷困的念头，你就会成为穷人俱乐部的会员！那么你想参加哪一个俱乐部？

"人生是多么奇妙啊！活用潜意识，轻松地哼着歌竟也能成功。"

像这种积极、乐观的人，做什么事都能顺利无阻，成为不断进步的人。

福特之所以一直能扮演一个成功者，最大的原因在于他充满了积极、肯定的思想。也就是因为他的开朗乐观才导致他的成功。

开朗乐观并不是指看开一切，而是指抱着有益于潜意识运作的正向思考。

从他抱持的繁荣、健康、和平理念中，大概可以看出他成功的端倪。

繁荣、健康、和平，全部是积极肯定的字眼。由于一直保持实现这3个理念的愿望，实在没有不成功的道理。完全是自然而然地达成。特别要注意的是在他的理念中，"我"这个主语并不存在，其好处是用不着"羡慕别人的成功"。人之所以在意别人，总归一句话，是因为相对于"自我"。因为他没有自私、自我的意识，自然而然地涌现积极、正面的效果且没有任何不良的副作用。

繁荣、健康、和平、爱、成功、进步、发展、向上等，经常想着这些积极肯定事物的人，必然会成功。

你，就是你现在所思所想的化身。既然如此，日复一日、时时刻刻的想法都必须谨慎。我们深信你必然能实现你的愿望。

利用潜意识自我暗示5大法则

有一句为人竞相传诵的自我暗示名句："每一天，在生命的每一面，我都有进步（Every day, in every way, I am getting better and better）。"

很多人因为确信不移，时时刻刻都在朗诵或默诵这一句"全面改造自我"的暗示句子，获得了令人惊异的巨大进步：身体有疾病的获得痊愈，工作有问题的能够克服，婚姻有障碍的得以解决，金钱有困难的得以迎刃而解。不好的变好，好的变成更好。

一本非常畅销的书《富豪的心理》中说："我研究过富人虽然未必明显地采纳这种方式，但实际上每当他们面对困难或新局面的时候，都会不自觉地运用类似的自我暗示去帮助自己屡闯高峰。"在这本书里作者分析了世界10大富豪的致富心理，而这些富豪包括了船王奥纳西斯、油王保罗·盖帝与车王亨利·福特。

自我暗示其实是运用语言去改变自己。语言真的有无穷的魔力：当你喜欢的人对你说"你真有用"，这4个字会有巨大的推动力；当你

喜欢的人对你说"你真没用",这4个字会有巨大的挫伤力。

那简单而有效的方程式,就是教我们做自己最喜欢的人,每天不断地告诉自己"我是一个在进步的人"。这句话会发挥语言的魔力,将我们的潜意识转化为成功的核心导弹。

读者在学习自我暗示时,要牢记5大原则:

1. 简洁。你的句子要简单有力。例如:"我越来越富有。"

2. 积极。如果你说:"我不要受穷",这消极的语言会将"受穷"这观念印在你的潜意识里。因此,你要正面地说:"我越来越富有。"

3. 信念。你的句子要有"可行性",令你心里不会产生矛盾与抗拒。如果你觉得"我会在今年之内赚到100万"是太不可能的话,选择一个你能够接受的数目。例如:"我今年之内会赚到50万元。"

4. 观想。默诵或朗诵你自己定下的语句时,你要在脑海里清晰地见到自己变成理想中的那个人。你永远不会致富,除非你能够在脑海中见到自己富有的模样。

5. 感情。观想自己健康,你要有浑身是劲的感觉;观想自己创富,你要有丰盛的人生的感受。当你诵读(或默诵)你的套句时……要把感情贯注进去……否则光嘴里念着

是不会有结果的,你的潜意识是依靠思想和感受的协调去运作的。

潜意识助你开拓美好人生

美国前总统杜鲁门与英国首相丘吉尔有过一次坦诚的会谈:

丘吉尔:"总统先生,你我上次坐在会议桌前,是在波茨坦。"

杜鲁门点点头表示同意。

丘吉尔改变了他的声调。

"总统先生,我必须坦白地告诉你,那时我很轻视你。我很厌恶你取代了罗斯福总统的地位。"

杜鲁门脸上原来的笑容消失了。

"我对你有很严重的错误判断。"

丘吉尔停了很长的一段时间,然后说道:

"自从那时候起,你对拯救西方文明所作的贡献,远胜过任何人。"

丘吉尔对杜鲁门的初步估计,正是一般人对杜鲁门的初步印象。据杜鲁门总统的秘书说:

"不管他的行动如何重要,或他对基本原则的奉献如何坚定不移,许多政治家并不重视杜鲁门。有些人甚至无法接受他是总统的事实……

"在1945年4月20日,美国全国为罗斯福总统的去世而大为震惊,这种震惊有一部分原因是由于知道将由谁继罗斯福之后出任总统。然而在杜鲁门生前,历史学家已经同

意，他应该名列美国最坚强有力的总统之一。"

杜鲁门这种"坚强的个人特点"，所面临最大的考验就是他和杜威竞选总统，结果他获胜了。虽然全国的民意测验以及报纸皆预测他无法获得胜利，但他仍然坚持他一定会获胜的信心。在开票之初，他落后杜威甚多，甚至有些报纸已经宣布杜威获胜，但杜鲁门仍然镇静地上床睡觉。第二天起床时，发现自己已经获得胜利时，他甚至一点都不感到意外。

还有谁能够像杜鲁门总统那样面对批评而安然自处的吗？他拒绝妥协，坚持自己的理想，不理会批评者对他的攻击。报纸侮辱他的能力，甚至连政治家也怀疑他，但他仍然对自己保持信心。

若想让人生成为你实现梦想的仙境，你就必须拥有无比坚定的信念。人生如调色板，若用信念之笔调色，必然缔造写意人生！

那么又如何挥舞你的信念之笔呢？

1. 支持你自己。

你必须成为自己最好的朋友。你不能老是依赖他人，即使他是个乐于助人的人，他也必须照顾自己的利益，而且他内心也一定有些问题困扰他。只要你充分支持自己，并加强你的信心，就会使你在人群中保持独特的风格。

2. 不要害怕恶人。

几乎所有人都会正正当当地做事——只要你给他们公平的机会。然而还是有些恶人有时会用一些不正当的手段争名夺利；有些人利用别人的自卑感，以漂亮的空话蛊惑人，或恫吓竞争者。你要学习应付谈笑与怒骂，坚守自己的权益，大大方方地表达你的信仰与感觉。记住，恶人的内心深处其实也很空虚，他的攻击只是防卫性的掩饰而已。

3. 想象你的成就。

有时你会觉得心情不好，或者跟某些人相处不来，觉得自己像个外人。不要沮丧，这种情形任何人都会遭遇。只要你想象出更快乐的时刻，使你感到更自由、更活泼，那就能够恢复信心。如果你的脑中无法立即浮现这些情景，那应该继续努力，它是值得你继续努力的。

生活中并没有两旁摆满玫瑰花的通往写着"成功"大门的这种通道。生活是一个起伏不定的挣扎与奋斗的过程。

只要你善于掌握信念，人生将会是你实现梦想的仙境！

第四章　获得信心魔力的金色法则

> 我已经八十六岁高龄了，见过不少通过艰苦卓绝的奋斗而爬升到成功巅峰的人。要想获取辉煌的成就，必须坚信"别人能，我为什么不能"的信念，方能达到成功和胜利的人生佳界。
>
> ——詹姆斯·吉本斯
>
> 要培养出强大的、健康的信心。你的信心越强，你的畏惧就越少。经过周详的思考，妥善的准备之后，你可以相信自己，然后毫不畏惧地去做你该做的事。
>
> ——摘自《创造人生的奇迹》

如果你具有这种相当于黄色炸药的巨大信念的话，那么用不着再去寻求任何更大的力量，就足以化解所有的恐惧、怀疑、担忧、压力、自卑、挫折、愤恨、偏见等这些牵制着你的不健康思想。

你只管点燃导火线，也就是开始想象梦想已经成真，然后把剩下的事交给那种带磁性的创造威力即可。

它能为你做什么呢？

只要你说得出来，它就做得到。你首先应决定你想要什么，要对自己有信心，并运用想象，采取行动，这样，你的内在威力就会带给你完成梦想所需的一切。

你必须知道你是什么人，你所希望的未来是怎样的；你必须知道怎样度过生命进程中的每一天；你必须知道如何做你应做的每一件事，如何聚精会神地去完成那些对你有意义的事情。

你必须知道你是一位重要人物——一位集合自身的长处，并懂得加以有效运用的人。

运用你宝贵的每一分钟、每一小时、每一天，要善加利用你的宝贵时间，去获得信心魔力的金色法则。

精心包装"外在的吸引力"

现在，请将改良原理跟你自己

联想在一起。首先，你应重新审视一下自己：你有"抢眼"的吸引力吗？你穿的衣服能显出你最佳的仪表吗？你知道颜色的效果，并且研究过哪些颜色最适合你的肤色和个性吗？你的整个外观使你有别于泛泛之辈吗？如果对于上述问题，你的答案全部是否定的，那么，请你从现在开始注意自己的"包装"，因为世人接受的是你外表的样子。你要学学汽车制造者、好莱坞的化妆师或任何伟大的节目制作人，他们都知道"抢眼"的价值，因此懂得用心地"包装"他们的商品。如果你能将适当的包装和包装内的最优秀的商品结合在一起，你就拥有了不可击败的结合力量。"表面"的你能够为"里面"的你做同样的事情。

为了让你了解优雅的外表能够为你做什么，你可以去一个正在进行施工的建筑工地。如果你穿戴整齐，并有一种成功和自重的模样，那么如果有工人挡在你的路上，他们就会在你走近时自动让开。或者，你也可以试试走进有很多人正在等候的总经理的接待室。你会注意到，仪态和声音很权威而表情又严肃的人，不仅会引起办公室管理人员的注意，更会最先引起总经理的注意。

关于美好的外表给人好印象的最好例子，莫过于人们在警察局或监狱里受到不同待遇的事了。穿着入时而仪态优雅的商人很少受到恶劣的待遇，而外表像流浪汉的人几乎没被审讯就被关进拘留室。布里斯托尔曾担任过多年的警政记者，他看到这种事发生过无数次。一个人如果看上去像个"大人物"，并且是因为小小的过错被捕，那么，他常可以在局长办公室里，坐着打电话给法官或某个朋友来保他出去；而流浪汉似的人却被送到监狱，他能否被保出去，那就得听天由命。

一家大汽车代理商曾对布里斯托尔说，他曾与一个购买昂贵车子的富人决定一笔交易。"在交易之前，我不仅洗了一个澡，"他说，"并且还换了一身新的衣服，同时又到理发店去刮脸、洗头、修指甲。我觉得我的外表很重要，这对我的心理也有很大的帮助。这使我感觉像一个新人，能够压倒任何人。"

如果你在开始决定做一件重要的事时，衣着得体适当，你会在内心中感觉有股力量，人们会在你面前让路，甚至会在你的途中助你一臂之力。正确的心理态度是"眼睛直视前方，对准你的目标，把适当的灵气投射到四周（借着你的想象力作用或你个人吸引力的延伸达成的）"。这种心理态度可以创造奇迹，据西欧斯·伯纳在他的《神灵的屋顶》一书中记载，他曾在某地被一群当地人围困且用石头攻击时，就

经历了这种奇迹。伯纳在书中说，当时他的第一个反应是格斗，但他立刻放弃了这种想法，因为他想起了自己曾学过装出和维持自己的灵气。于是他挺起胸，抬高头，眼睛直视着前面，以坚定而快速的大步伐前进。结果不仅前面的人让路，其他人也走上前来，为他开出一条路。

用"卡片疗法"自我激励

如同其他伟人那样，托马斯·爱迪生明显地懂得重复设想的价值，并运用了它。作为纪念这位发明家百岁诞辰活动的一部分，1947年2月8日有关部门公开了他死后一直密封的书桌。书桌上的一堆物品中，有一张引人注目的纸条，上面写着一条铭文——"在乔纳垂头丧气时，请提醒他，希望就在眼前。"爱迪生肯定认为这是一条很好的词句，也许还多次对照反省过，否则他不会把它放在书桌上。

同样，你也可以效仿爱迪生的做法，准备三四张索引卡（普通的商业卡也行），回到办公室、家里或者随便什么地方，只要不受干扰就行。坐下来，问问你自己最想得到哪一样东西。找到答案并肯定这是你最大的欲望后，在一张卡片的上方写下来，几个字就够了，像"一个工作"、"一个更好的工作"、"更多的钱"或"我自己的家"等。

接着你把第一张卡上的字，抄写在其余的每张卡上。在你的钱夹或手提包里放一张，在你的床边放一张或贴在床架上，再放一张在修面镜或梳妆台前，剩下的一张则放在你的书桌上。如果你记住了那些成功人士在他们的办公室里保存着照片、箴言、标语、胸像或座像的传统的话，你会意识到你使用这些卡片是为了获得同样的力量，不过形式更为集中罢了。或许你也猜想到，这种做法的整个意图是让你每时每刻都看到自己的心理图像。特别是在你就寝前和早晨醒来时，可以使你集中思想，加强信念。但是不要仅限于每天这两段时间去想到它，应经常利用这种方法（或你自己设计的某种方法），你看到自己欲望的次数越多，使之成为事实的速度就越快。

一开始，你或许根本不知道结果会如何出现。你用不着自己去考虑，这是潜意识的工作。它会用你意想不到的自己的独特方式进行联系，打开通道。你会在最出乎意料的时候得到帮助，也许就在完全意想不到的时候，对你实现欲望有益的想法会突然冒出来。你也许会突然想到打个电话给你一个好久未通信的朋友，或写封信给你以前从未

见过面的人，你也许会产生读报或听广播的冲动，不管是什么念头，都不要把它忽略掉。

许多成功的人会把在睡眠时得到的念头立即写在笔记本上，以免忘记。在布里斯托尔完全懂得这种做法的作用以前的许多年里，他曾和一位经理一块儿工作。布里斯托尔经常看到这位经理每天早晨在书桌旁一坐下，就从口袋里拿出几张便条来看，几分钟后便忙开了。这些便条可能包括对各种广告手段的评论、开展推销运动的提纲、购置新物品的考虑或是推销机构的重新安排等。所有这些都是在为保证他的企业成功起作用。此后布里斯托尔也养成在床边架上放上一本笔记簿和一支铅笔的习惯，这样万一睡觉时有了某种想法，他会立即把它们记下来，以免第二天早晨忘记。

布里斯托尔回想起他自己为了挽救濒于倒闭的公司，而应用这种做法的时候，他是公司的副总裁。在一次会议上，所有的雇员围成半圆形坐着，在布里斯托尔开始讲话时，他要大家准备好纸和笔，大多数人都以为他是让他们记笔记。但是，当布里斯托尔让他们写下自己一生中最想得到的东西时，他们惊讶极了。布里斯托尔解释说，如果他们写下来的话，他会告诉他们心想事成的方法。

有两三个年轻人对布里斯托尔的这种做法感到很好笑，但老雇员们知道他不是在开玩笑，按照要求做了。对那些年轻人布里斯托尔只说了这样两句话："如果你想继续干下去的话，就照我说的做。因为如果这个办法无效的话，我们都得穷困潦倒流浪在街头。"他们听从了布里斯托尔的话，布里斯托尔告诉他们不要让别人看到自己写的东西。

会后，一个年轻人找到布里斯托尔，对刚才的嘲笑表示歉意。

"没关系，鲍勃。"布里斯托尔对他说。

这个叫鲍勃的年轻人解释到："想象我单凭写下来，就能得到一辆新型轿车，这个主意一开始听上去很好笑。但当你讲完这种'卡片疗法'后，我想它一定有道理。"

几年后，这个年轻人来到布里斯托尔家里，说要给他看样东西，而街角的转弯处正停着他的一辆昂贵的新型轿车。

接下来的几年，布里斯托尔曾有机会询问过出席那次会议的人，他们是否已经得到他们当时写下的东西。毫无例外，每个人都得到了。有个人当时想找个具备某国国籍身份的妻子，他寻觅到了，现在已有了两个活泼可爱的男孩；另一个人写的是有一笔数目相当大的财产，他也得到了；还有一个要一幢海边小屋，更要富裕的家，他也如愿以偿。经过多年坚持不懈的努力，他们中的每个人都一直在赚钱，许多人的平均月薪大大超出了原先的数目，使其他干同样工作的人对此感到迷惑不解。

在谈及这种"卡片疗法"时，布里斯托尔再三强调，不要把写在卡上的话的意思告诉别人，也不要把自己的欲望暗示给别人，因为这样做的话会导致惨败。而一旦你更好地了解这种方法的科学性，你就会懂得有意识的思维或无意识的思维是如何使你振作的。

有些时候，说出自己的意愿，反而会成为你实现自己意愿的障碍。

布里斯托尔有位当医生的朋友，他的例子很能说明问题。在第二次世界大战初期，他申请加入海军。他关闭了诊所，并告诉大家他要入伍，因而收到了许多礼物和聚会的请帖。"我由此得出了一个教训，千万别把自己的计划或欲望公之于众，"他事后对布里斯托尔说，"两年后我才接到入伍通知书。在此期间，我想到要重新开业，可我已收到了这么多的告别礼品，怎么好意思呢，因此我只得在家里空等了两年。"

布里斯托尔的这位朋友的经历告诉我们，当你说出你打算做的事情时，你已分散了你的力量。

镜子技巧的威力

前面我们已详细说明过"卡片疗法"对培养信心的作用，还有一种方法，布里斯托尔称之为"镜子技巧"。在说明这个技巧前，我们来看看布里斯托尔是如何发现这种美妙的技巧，以及我们要如何运用它产生更迅速有效的结果。

很多年以前，一个很富有的人请布里斯托尔去吃饭，他有很多专利，包括伐木和锯木厂的一些机械设备。他请了很多报纸发行人、银行家和工业领袖到一间有名的旅馆的套房里，说明他所发明的运作制材厂的新方法。在宴会上大伙儿开怀畅饮，不久主人自己也喝得很醉了。就在上菜之前，布里斯托尔注意到他摇摇晃晃地走进里间的卧室。布里斯托尔想去助他一臂之力，就跟着走到他的房门口。布里斯托尔站在那儿，看到他正两手抓着梳妆台的顶部，盯着镜子瞧，一直喃喃自语，就像喝醉的人常做的那样。然后，他说的话开始显出意义，布里斯托尔稍微倾身以观察情况，听到他说："约翰啊，他们想把你灌醉，可是你要愚弄他们一番。你是清醒的，冷静，清醒，这是你的宴会，你得清醒点儿。"

他不断说着这些话，同时继续

盯着镜子中自己的眼睛，布里斯托尔注意到情况有了点变化。他的身子挺直了，脸部的肌肉绷紧了，喝醉的神色消失了。整个过程只有5分钟就结束了，布里斯托尔曾身为记者，尤其是个有机会观察到很多酒鬼的警政记者，却从未看过这样一种迅速的转变。布里斯托尔不想让他知道自己看到了这些，所以就走进浴室。等布里斯托尔回到客厅时，发现主人坐在桌首，虽然脸孔还略泛红，但整个神态看来却很清醒。宴会结束时，他对自己的新计划提供了很戏剧化、很能令人信服的描述。一直到很久以后，即布里斯托尔了解潜意识的力量后，他才明白，那个显然喝多了的人转而成冷静清醒的人，其间涉及的是一门学问。

多年来，布里斯托尔的"镜子技巧"提供给数以千计的人帮助，结果都很不寻常。很多人来找他帮忙解决他们的问题。其中有许多的妇女，她们在讲出自己的经历前，几乎都要先哭上一阵子。布里斯托尔总是先在她们面前放置一面全身的镜子，叫她们仔细看看自己，他要她们看自己的眼睛，并告诉他看到了什么——泪人儿还是一位端庄的女士。她们的哭泣很快就会停止。而这些例子使布里斯托尔相信，一个女人在面对镜子时是不哭的。是什么使她们紧急煞住，不哭

了呢？是自尊？羞惭？或是不受欢迎的想法——女人是弱者？理由是什么并不重要，眼泪不再流了，的确是个事实。

很多伟大的演讲家、演员和政治家，经常使用这种技巧。据德鲁·皮尔逊说，温士顿·丘吉尔首相每次发表重要的演讲前，都要先对镜发表一次。皮尔逊还说，威尔逊总统也用同样的技巧。布里斯托尔认为这是一个能增强精神震波的方法，可以激发演讲者的潜意识力量，这样当他出现在听众前时，那些力量就传向听众，影响他们。如果你在发表演讲前先对镜练习一遍，你就能在那个时刻创造出一幅包含有你自己、你的话语、你的声音、你所想象到的听众的图像，一幅你所摹想到的听众很快就要面对的实况。借着看镜子，你能增强精神振波，而借着这种振波，你说话的力量和意义会更有力地深入到听众的潜意识。

一个接受这门信念学问的杰出保险推销员曾告诉布里斯托尔，他每次去拜访重要的顾客前，总要在镜前预习一遍销售过程。而他的销售量很惊人。

每个推销员都听过这句话："你能让自己相信，就能让其他人相信。"这是实在的话。历史上每一次大的群众运动，从宗教到军事方面，都是一个人的力量促动而成的，这

个人热烈地相信自己的目标，使得自己有力量改变数以千计的民众。我们不必研究心理学，就可以知道"热情"是很有传染力的，如果一个人充满热情，他很容易就能把这份热情传给其他人。

镜子技巧是一种简单又有效的方法，借着这种方法，一个人能够加强对于自己能力的信心，强化他热情的力量。

如果你能用本书所提出的方法来考察镜子技巧，就可知道它是一种优秀的方法。借着这种方法，可使用潜意识的巨大力量来影响那些你要与之周旋的人。

不论我们自觉与否，我们全都是在销售着什么东西。不是销售我们的产品，就是销售我们的个性、我们的服务、我们的观念。事实上，所有的人类关系都基于销售，我们试图说服别人遵从我们的想法时，我们就是在进行某一种销售。法律上的一份合同或一个协定，都建基于"心灵的汇流"，除非我们能让别人按自己的方式去思想，否则就不会有很大的收获。但是，一旦在关键地方能够心灵交融，其余的枝节就容易解决了，双方很快就会在合同上签名了。

在一段经济不景气的日子里，布里斯托尔曾为很多商业和销售公司工作，以提升他们的业绩，而他介绍的这个镜子方法，成果很惊人。在一个制造派的公司，布里斯托尔叫他们在所有送货卡车的后门里面装上一面镜子，当司机兼推销员打开车门取货时，他看到的第一件东西，就是镜子。布里斯托尔告诉他们每个人，在拜访顾客前要先决定自己要卖给他多少个派，然后对着镜子告诉自己一定要把多少个派留在顾客的柜上。一个司机告诉布里斯托尔，他尝试把派卖给一个饭店的女老板好几个月了，但是她总是拒绝购买。后来他决定试试镜子技巧，结果那一天他卖了 10 个派给她。在他告诉布里斯托尔这个故事的时候，他平均每天卖给她 15 个派。

镜子技巧使用于下列地方都能收到很大的效果：保险公司、金融界、橡胶工厂、汽车代理商、饼干制造工厂，以及其他有推销员或有推销员和生产技工结合在一起的公司。

有一次布里斯托尔自己的公司，必须来一次彻底的改革运动，以避免崩溃，于是他首先使用这种技巧，把一面镜子放在办公室里的一个房间里，这个房间是员工放帽子和外衣的地方。每个人进出房间都一定会看到镜子。最初，布里斯托尔贴上小张的纸，上面有许多口号，如"我们必须获胜"、"不屈不挠，无事不成"、"我们能成功，让我们来证明"、"让我们告诉世人，我们没被击败过"、"你今天要卖多少出去"还有很多其他的口号。后来，布里斯托尔用肥皂把口号直接写在镜面上。每天早晨都有一个新口号出现，而唯一的目的就是要使每个人相信：纵使同行的其他公司正努力敞开大门招待顾客，他们仍可揽到生意。以后，这个方法再用第二面镜子加强，第二面镜子放在办公室大门的门边，推销员在离开办公室时最后看到的总是这面镜子。之后，布里斯托尔把镜子放在所有推销员和高级主管的桌子旁。这样做的成果很惊人：在经济不景气最严重的日子里，所有推销员的收入都增加了三四倍，并且此后一直维持这种增加的进度。有很多人过去的月收入不超过300美元，现在却超过了1 000美元。可能有读者不信，但这却是事实。在布里斯托尔的档案中，有很多来自总经理、推销员和其他人的信，证实了镜子技巧的效用。

运用镜子技巧的妙方

现在，让我们来看看怎样运用这种镜子技巧。

先站在一面镜子前，不一定是照得全身的镜子，但是要够大，至少要能看到腰部以上的部位。

服过役的人都知道"立正"的意思——全身挺直，脚跟并拢，收腹，挺胸，抬起下颚。现在，深呼吸三四次，直到你感觉有一股力量、生气及决心充满全身。接着，看着自己的眼睛并告诉自己说："我会得到自己想要的东西!"大声说出来，这样你可以看到自己的嘴唇在动，可以听到自己说出来的声音。要使这种动作成为固定的仪式，一天至少做两次，早晨和晚上各一次。这样你就会收到惊奇的效果。你还可以用肥皂在镜面上写上你所向往的事有关的口号或关键的字以增加效果。这样几天之内，你将会感到一种前所未有的信心。

如果你打算去拜访一个非常难缠的客户，或者要赴求职的面试，那么请用镜子技巧，并且练习到你想象自己可以表现得很得体，不会恐惧为止。当然，如果你应邀去演讲，更要先在镜前演练一番。你要练习一些手势，例如用拳头打在另一只手掌上，这样做能使你的论点深入人心，你可以用你自然而然想到的任何手势。

当你站在镜子前时，要不断告诉自己，你将获得惊人的成功，世界上没有什么东西可以阻挡你。也许这样做听起来有点愚蠢，但请别忘记：出现于潜意识的每种观念，都会在客观的生活中产生出对应观念，而你的潜意识越快得到观念，你的希望就能越快变成一幅有力的

画面。但切记不要把自己用的方法告诉旁人，因为你可能会被人取笑，因而动摇了你的信心，特别是在你正要开始学习这种方法的时候。

如果你是个总经理或业务经理，而你想更进一步推动你公司的业务，那么就把镜子技巧教给员工，要他们用这种技巧。现在很多公司都这样做。

坚定的眼神可以加强自信

关于眼睛的力量，已经有很多文章论述过。眼睛是灵魂之窗，它们能显示出你的思想。它们所表达的你，远超过你所想象的。如同俗话说的，眼睛能使别人"看透你"。一旦你开始练习镜子技巧，你会发现，你的眼睛将会具有一种你从没想到的能发挥的力量（作家称这种有力量的眼神是摄魂眼）。这种力量会使你有逼人的眼神，使别人认为你看见了他的灵魂；这种力量会产生一种显示你的思想的强度，而人们会体验到它。爱默生曾说过："每个人的眼睛准确地表示了他的身份。"要记住：你在生活中的阶级或地位，是由你的眼神显示出来的，所以要培养显出信心的眼睛，而镜子可以帮助你。

这种镜子技巧可以用在不同的方面，并且产生令人满意的结果。

如果你姿态不雅，或者走路时显得懒散，那么你会发现在全身镜子前练习会为你创造奇迹。你的镜子照了别人所看到的你，而你能够把自己塑造成你希望别人看到的模样。

有一种观点说，你扮演某种角色，你就会变成那个角色，就这点而言，最好的方法就是在镜子前预习你的行动。"虚荣"在这个技巧里是无处容身的。因此，不要对镜妄自尊大，而是要对镜自勉。是的，如果世界上有许多杰出的人士都用这种镜子技巧来塑造自己，增加他们的影响力，那么，你也可以用它来实现你的需要。

关于直觉、预感等，已经有很多谈论的文字。有些心理学家说，我们从直觉得到的观念，并非"突如其来"、"无中生有"，而是我们知识累积起来的结果，或者可能是我们较早熟时曾看过或听过的什么事情。这种说法有某种程度的真实性，化学家、发明家之流，常借"尝试错误"的方法工作，用他们的知识和过去实验的结果做摸索的基础。但是我们应相信，大多数的发现、发明以及由灵感启发的作品，都来自潜意识。我们所遵守的每种习俗，我们所使用的每件器物，最初都是某个人心中的一个观念，这观念以预感、直觉、灵光一闪，或随你怎样称呼的方式产生，所以，要注意

XINXIN CHENGJIU WEILAI

你的直觉，要自始至终信赖它们。这是明智之举。

很多伟大的领导人物、工业家以及发明家，都公开表示他们相信预感会在休闲的放松时刻涌现，或者在他们做其他工作而非在试图解决问题时产生。让你的潜意识解决问题有一个好办法，那就是用意识从各个角度探讨问题，然后在临睡前命令潜意识带给你答案。你可能在半夜醒来有了答案，或者答案可能出现在早晨醒来时，也可能在一天之中你正做着十分不同的工作的轻松时刻。而答案出现时，要迅速抓住它，并且要尽快付诸实施。

你可能有个直觉，想要拜访某个人，或想打个电话给他。他或许是个公司大老板，对你很有帮助，然而由于他的身份地位，你可能踌躇不前。于是你在自己的直觉和恐惧间挣扎，而恐惧经常胜出。下一次，在恐惧或怀疑进入心中时，你要自问："如果我去看他，打电话给他，我又会损失什么？我会造成什么损害呢？"你的恐惧或怀疑无法回答这个问题，就会毫不迟疑地服从你的直觉。

很多人喜欢赌博，有人玩牌，有人赌赛马或赛狗，还有很多人玩股票，这些人说他们下赌注时相信直觉，常能得心应手，大赚一笔，但是，布里斯托尔警告这些人，不

要想用自己的直觉，平白获得什么东西。这样做是犯了基本的错误，而大部分赌徒的下场都是倾家荡产。还有，不要全凭"直觉"贸然去做完全外行的事，因为它可能根本不是直觉，而只是突发的幻想。真正的直觉总直接或间接与你有关，它提供你的是做某一件事的观念及付诸行动的动力。

布里斯托尔认为，没有一位读者会以为本书是让人一夜之间名利双收的符咒。本书用意在于做一把钥匙，以打开通往目标之路的大门。如果你鲁莽地从事远超过自己能力或程度的事，那确实是不智之举。如果你要成为大公司的老板，你当然必须了解公司的业务，就像你想变成一家大运输行的老板，你就得了解该行业的业务一样。通过本书，你可以学到的是带你攀向高峰的各个步骤。无论如何，你在进行任何计划之前，必须有一个行动的计划。如同你不会到街角的药店里，胡乱买一种药，你要有足够的常识，说得出你要买的药名。本书所要阐明的观点也是如此。你必须有一个行动计划——你得知道自己要的是什么，还要对它有专门地了解。

如果你已经确定你所要的东西，并且已经为自己立下了行动目标，那么你要对自己有信心，知道自己有能力达到目标，因为你已经迈出

了朝向成功的第一步。只要你掌握住你的观念的心像，开始以行动落实它，就没有什么事能阻碍你成功，因为潜意识从来不会不服从你清楚有力的命令。

多读书可以启发新观念

"人类在伟大书籍中发现前人长年累月的智慧，并且继承这些智慧。"一位伟大的智者曾这样说过。然而，很令人惊奇的是，很多人从未读过一本书——虽然现实中有一些人确实选择与书籍为伴。有一种情况虽然听起来奇怪，但却是事实：除了报纸和商业杂志外，很少有商人读什么书。再看看专业人士，你会发现他们大多数将自己局限于本行的书籍和文献里。布里斯托尔认为不管是什么书，传记、小说、历史或科学书籍等，书中总包含对我们自己的工作有用的观念。

没有人能独占知识，而我们都知道，知识加以使用就是力量。读者越伟大，他的思想越能受到书的刺激，而如果他是一个勇于行动的人，他也越勤奋。

现在我们应该注意到一个极有趣的现象：观念的联想，即一个观念如何与另一个观念迅速联结。联想力很有价值，每个人都应该培养，特别是从事创造性工作的人更应该培养，例如从事广告文案、写作、销售等类似行业的人。

比方说，你在一条乡间小路上看到一辆汽车。你想想看，从关于汽车的心像中可以获得多少观念？汽车是钢铁、合金和塑胶做成的——每一项都提供主要的观念，这些主要的观念可以再细分为很多其他观念。然而我们考虑轮子和轮胎——轮框、内胎、活门——全部引来更进一步的观念联想。我们想到汽车所走的道路，这又使我们想起道路及其修理。然后我们想到汽油，这又通过联想引来更进一步的观念，而我们不知不觉已经开始一种似乎是无止境的观念联想。

让我们以商业中的一个观念为例子。假定你有兴趣种植和销售一种新坚果。你所遇到的第一个问题自然是这坚果的种植和销售有利润。当然，借着观念的联想，你会决定去调查跟种植坚果有关的一切事情，包括土壤、地点、气候情况、费用、劳力问题等，这一切要牵扯上销售计划、包装、有兴趣的商人、掮客、装货工人，以及最根本的消费者。虽然联想不过是由一颗小小的坚果开始，观念的范围却扩展得很大，而多读书可以不断启发新观念。

布里斯托尔认为新观念有助于个人成功。前面我们已经提到过"包装"和"抢眼"是很重要的问

题，因为它们涉及暗示的力量。经营杂货、水果及蔬菜的商人都知道，纵使产品本身没有改进，巧妙而吸引人的包装也会为商品带来很好的价格。你只要到杂货店看看，注意那些吸引你的东西，就会发现这个事实。包装的优劣有如手艺精巧的厨师和平常的饭店厨子间的区别。精巧的厨师知道"抢眼"的价值，所以在大小合宜的各种盘子上安排食物，使它更能促进食欲，而一般的厨子可能不明白，也不介意，只是把食物堆放在盘里就算了。

太平洋西北岸的一些果农，在20年或30年前，以20元的价格，也卖不掉整马车的梨子或苹果。然而近年来，只要对吸引人的包装和市场销售有观念的人，都赚了大钱。叫人掏出2元美金或更多的钱，买12个仔细地包在薄纸、蜡纸里的苹果或梨，并不是很难的事。还有些机灵的果农以邮寄的方式，把他们的产品卖到世界各地的买主手上。布里斯托尔所认识的很多果农，他们的成功都是基于一个观念，这个观念都是在他们脑中一闪而现，再由他们以信念落实出来的。

没有书籍、杂志、报纸的家庭，正如同一座房子没有窗户。有了书籍，孩子们会学着阅读，在无意中会使他们增长许多知识。现代的家庭，不能缺乏书籍。图书馆，也是社会的必需品，不能缺乏。

聪明的学生求学时代最重要的收获，就是熟悉书籍的积累。善于辨别、选择图书馆的书籍，是很有益处的，这如同一个工人善于选择工具一样。

耶鲁大学的校长海特雷曾说过："在各界做事的人，不论是在商业界的、交通界的还是工业界的，都这样对我说，他们真正需要的人才是各学院培养的对读书有选择能力且能活用书本知识的青年。"

哈佛大学的前任校长依立阿说："要养成每日用10分钟来阅读有益书籍的习惯，20年后，思想上将大有改进。所谓有益的书籍，是指世上公认的知识的宝库，如故事、诗歌、历史等。"大多数人都能在忙里偷闲时，去做自己喜欢的事情。倘使一个人渴望着知识，渴望着求得进步，他也一定会忙里偷闲，去阅读有益的书籍。心在哪里，哪里就有宝库；志向在哪里，哪里就有时间，因为读书确实能启发人的新观念。

幻想是事实之母

你是一个幻想者吗？

世人生活更有意义，许多人得以从困境中解脱出来，这些都应归功于一些幻想者。

如果把历史上幻想者的事迹删去，谁还愿意去读那些枯燥无味的历史呢？幻想者是人类的先锋，他们毕生劳碌，不辞劳苦，弯着背，流着汗，替人类开出平坦的道路来。

今日的种种事业，都是往昔一些幻想者幻想的实现。

如果没有幻想者到新大陆来开拓土地，那么美国人至今仍旧徘徊在大西洋的沿岸。

对世界最有贡献的，就是一些目光远大而有先见之明的人。他们能运用智能造福人类，把那些目光短浅、深陷困境的人解放出来。有先见之明的人，能把在常人看来做不到的事情，一一变为现实。

事实告诉我们：人类的领袖都做过幻想者。不论工业界的巨头，还是商业的领袖，都具有伟大的幻想，并持以坚定的信心，付之努力。

马可尼发明无线电，是惊人幻想的实现。而实现了这个惊人的幻想，航行在惊涛骇浪中的船舶一遇灾祸，便可利用无线电救助，使千万生灵获得拯救。

电报在没有发明之前，也被视为幻想，但莫尔斯毕竟使这幻想得以实现了，世界各地消息的传递，从此是何等的便利。

斯蒂芬孙原是一个贫穷的矿工，他制造火车机车的幻想也成了现实，使世界上的交通工具顿改旧观。

这些成功者之所以具有惊人的幻想，应归功于他们能从平凡中看出不平凡的事，从寻常中看见非常的事。

人类所具有的最神奇的力量，就是有幻想的可能。倘若我们相信有更美好的明天，那就不必计较今天所受的痛苦。有幻想的人，即使阻以铜墙铁壁，也不能挡住他。

一个人如果能具有从烦恼、痛苦、困难的环境，转移到愉快、舒适、甜蜜境地的才能，那真是无价之宝。人如果失去了幻想的力量，那么谁还会有充分的信念、充分的希望、充分的勇敢，去继续奋斗呢？

幻想是美国人的特性。无论多么贫穷不幸，他们都相信好的日子就在后面。商店的学徒，会有自己开店铺的幻想；工厂里的女工，会有组织美满家庭的幻想；出身卑微的人，也会有掌握大权的幻想。

有了这些幻想，才有远大的希望，才会激发人们的潜能，增强人们的努力程度，寻找到光明的前途。

只有以坚强的毅力来实现幻想，那幻想才有价值。如果徒有幻想，不努力求其实现，那幻想便毫无价值可言。

幻想而不使之实现，便成妄想。有许多人，只会幻想，他们费尽心机，构成空中楼阁，却不想使之实现。究其弊害，那幻想不只劳人心思，而且耗费了他们固有的才能。

将幻想变成现实，全靠自己的努力。具有幻想以后，付以不懈的努力，方可使幻想实现。

造福人类的幻想，更有价值。约翰·哈佛用了几百块钱，创办了世界闻名的哈佛大学，就是一个最好的实例。

人要构成幻想、信仰幻想，更要激励自己使幻想实现。人人具有向上的志向，志向就会像一只指南针，指引人们走上光明之路。良好的幻想，就是将来美满成功的预示。

诚实地面对自我的真相

人无法按照完美的标准去生活，尽管我们也有一些缺点，但我们仍然能够生活得很好。

《圣经》中说："经过弱点的磨炼，我的力量将获得完美的发展。"请注意"获得完美的发展"这句话并未提到容忍弱点，而只是承认弱点在发展个人力量上所扮演的角色。

我们以往都犯过错，将来也会犯错。我们偶尔会产生消极思想，当事情不如意时，也会觉得怨恨及嫉妒。

如果你是一名推销员，有时也会使用错误的方法来推销。

如果你是一个母亲，也可能因为无法随时替宝贝女儿添加衣物，而使她感冒。

如果你是学生，你可能会在英语及历史两科上拿到高分，但物理学的成绩却很糟。

如果你是投资顾问，有时候你也会向顾客提出不智的建议。

错误是生活中的一部分，根本无法完全避免。

悲哀的是有许多人为了自己的错误而责备自己，一连好几天、好几个星期，甚至一辈子也不肯原谅自己。

他们往往会这样说："如果我不把钱花在那上面就好了。"或是说："如果我能稍微注意一点，就不会发生那件意外了。"

这些人在他们脑中一再重复他们所犯的错误，等于提醒他们自己如何愚蠢、如何无能。他们无情地惩罚自己，无休无止，然而这么做对他们并没有任何好处。

这种自我的批评不仅令他们感到悲哀，而且也会造成神经紧张，将使他们造成更多的错误，形成一种永无止境的恶性循环。

某些女性永远也忘不了她们外表上的缺点。她们对这些缺点耿耿于怀，仿佛在这个世界上，只有这些缺点才是真实的。如果她们的胸部不丰满，或她们的鼻子不够挺直，她们就要怨天尤人。她们会严厉地责备自己，仿佛这些不算缺点的缺

点，是她们自己造成似的。

她们这样做有何好处？没有。她们这样想却损失了健康自我心像的伟大力量。

不要再虐待自己了。

每个人都会遭遇困难。

美国大诗人及作家山德堡在他的《永远是年轻的陌生人》一书中谈到了他的艰苦时期：

"我在成长期间，也遭遇到痛苦及寂寞的时刻。我记得有一年冬天，经常想到最好一死了之……"

"经过那个冬天之后，痛苦和寂寞还是不时萦绕在脑中，但我已经逐渐明白，我一生所认识的所有最有成就的男男女女，尤其是我在书上所读到的那些伟人，他们的生活也并不顺利，生活中经常出现痛苦与寂寞的时刻，但必须经过一番奋斗，才能发展新的心智与力量。"

生活确实是一种艰苦的奋斗，只有善待自己，才能愉快地生存下来。成功就是一种过程——克服一个人的缺点，从荒地走向绿洲。

一名传记作家写道："爱迪生害羞而内向，但他一谈到一种新观念或新发明时，就变得眉飞色舞，甚至滔滔不绝。"

一个人能够接受自己的缺点，并且克服这些缺点，而获得成功，最典型的一个例子就是美国最伟大的总统林肯。在《活生生的林肯》一书中，两位作者保罗·安格和迈尔斯谈到林肯和道格拉斯辩论的故事：

"选民看到了两个截然不同的人。虽然道格拉斯的身高只有五尺多一点，但他的肩膀宽阔，胸背挺直，声音低沉如音乐一般，给人一种坚强有力的感觉。林肯瘦长、全身皮包骨，个性羞怯，站起来足足比他的对手高了一尺左右，他在开始演讲时，声音高而尖，充满鼻音，然而等他进入状态后，他的声音就降低下来，使成千的观众听得如痴如醉……"

"在 1859 年 1 月 5 日，伊利诺伊州州议会已经证实了秋季的大选结果，道格拉斯再度回到美国参议院。与此同时，林肯也忘掉了他的失败，再度埋头于律师业务——一方面是为了弥补他在前 6 个月所损失的时间以及金钱，另一方面是为了把失败的记忆自脑中予以消除……"

"但是林肯再也无法全心全意执行律师业务。他和道格拉斯的辩论，已经全国皆知。6 个月之前，林肯的姓名很少被伊利诺伊州以外的人提到，但是现在已经有数以百万计的人知道他的大名。有很多陌生人写信给林肯，就政治问题向他请教；有的则邀请他前去演讲。尽管他遭遇了失败，却使他成为全国性的重要人物了。"

如果你能坦然接受你的弱点，你可以像林肯一样，加强你的自我心像。你只要停止批评你自己，强调你个性中"正"的一面，就能在自己身上找到喜欢的东西。

认识自我真相的 5 大原则

以下这些暗示可以帮助你：

1. 了解你的极限。人类都有崩溃点，不管是在肉体上或心理上的。这些崩溃点因人而异。有些人可以承受某种压力，却承受不了其他种类的压力。不要再批评自己"软弱"，你要养成承认自己的极限的习惯。

2. 尊重你的极限。一旦知道了自己的崩溃点，就要用它来协助你自己。不要逼迫自己超越你的极限，不要为了向别人证明你很勇敢，就超越自己的极限。为你自己做决定是需要勇气的——即使有些冷酷无情的人可能会讥笑你。

3. "硬汉"。男人不应该认为自己一定要是一名超级男子汉式的英雄，那种所谓的超级男子汉其实只是作家想象出来的虚构产物。真实生活中的男士既有失败，也有成功。有时困难和阻碍会接二连三地来，使你绝望得想放声大哭。男子汉不能哭，这是荒谬的说法，千万不要

让你自己受制于这种荒谬的想法。

4. "完美"。妇女的美德很多，并不是只有在镜中看到的容貌而已，其他的美德比容貌更有价值。摆脱那些在你的自我心像中留下疤痕的肤浅想法，你会除去这些疤痕的。

5. 永远真实地对待你自己。没有人喜欢这种朋友：在我们富裕时对我们媚笑；当我们一贫如洗时，他们却逃得无影无踪。对你自己也是一样，如果你羡慕自己的长处，痛恨自己的短处，那么对你自己就很虚伪了。你的自我心像将永远无法获得稳定，你也将永远无法获得幸福。接受你自己的一切现状吧。即使你跌到最低处，仍然还有成长的基础。

这里有句话提醒你注意：不要向自己的弱点让步。

如果你接受自己的弱点，然后努力摆脱失败，走向成功，那么你的力量将因此而建立、成长。请记住这句话：接受你的弱点，并不是要你永远退缩在自己的弱点中。

由于大多数人都会低估自己，不敢前进，可能造成许多危险。那些杞人忧天式的人老是抱怨上天对他们不公平，这种做法是不可取的。

本书的目的是积极性的，是要协助你改善你的自我心像，所以你必须明白，当你接受自己的弱点的同时，你已经接受了自己是一个完

整的人：有优点，也有缺点的人。在充分了解了你的极限之后，你就可以很乐观地策划你的日子，接受你的缺点，然后超越它们，以获得充分的力量。你应该容忍你的失败，并忘掉失败，向着你每天的生活目标前进——这一切都是生活的过程。

忘掉昨天的失败以及对明天的恐惧因为它们并不存在。想想今天，并达成某些有意义的成就，那么你将变得十分坚强。

每天与自己竞争

一个人必须学会每天和自己竞争，才能掀起真正的信心革命！

首先，不能替过错找借口，而是承认并超越它。找借口涉及避免目标的达成，而超越错误的本身就是一种目标。当我们避免设定有价值的目标时，便会因循地过日子。这种思想怂恿人什么也不做，把一切推到明天。

"明天"这个借口，之所以也是沮丧的一面，是因为这种"明天"哲学会引人过着没有目标的日子。它使人变得消极退缩，逃避人生的责任，而养成不负责的态度。

"明天会社"是一种庞大的国际组织，到处都有人把事情推到"明天"。

这种"明天"哲学之所以令人泄气，是因为它的根基建立在一个妄想上面：美好的明天就要到了，那时，目标就较容易达到；那时，障碍自会消失；那时，就不会再受到挫折了。

也许等到那个美好的明天到来时，数以亿计的"明天会社"会员将去工作，把事情完成。但那一天将不会来临，至少，它不会在你有生之年来临。

这种"明天"哲学只是一种纯粹的向往，一种十足的幻想，它会使你退却、逃避，把你带向沮丧的其他方面。

这种具有毁灭性的"明天"哲学，跟所谓的"新愁旧病"完全不同，后者使人希望在今天和明天改善自己。前者消极、被动；后者积极、主动。我们应该永远希望改善自己。

丢掉推诿的恶习吧！只要你的能力可以办到，只要你的目标值得一试，那么今天就动手吧。如此可使你不停地工作、前进，这对你是有益的。

其次，我们不能背叛自己：这是泄气的另一面。

这里用"背叛"一词，也许太重了一点，其实并不尽然。当你把自己带进一种消极颓废的生活陷阱时，你便成了背叛自己的叛徒：背叛了你的自我实现的诺言；背叛了你对社会的责任。

如果你不每天为你自己设定目标，如果你不以热烈的兴趣做事，如果你不鼓励你创造的好奇心，如果你不积极地入世，如果你不努力发动你的成功机运，并强化你的自我心像，你便成了背叛自己的叛徒。

你将使自己陷入更深的消极情绪，陷入导致立即泄气的困难中。

再次，我们不要逃避，这不仅是跟前述各种消极意识具有密切的关系，而且是泄气的征候之一。

它包含遗弃人世和你自己的意义。

它是"无条件投降"的一种。第二次世界大战同盟国的领袖们使用这个词句的时候，并没有要敌方的战争头目（除了战犯之外）彻底自毁的意思。但逃避或"无条件投降"一词，在这里的意思，却是完全自毁前程。

当你旅行的时候，你也许想把行李暂时寄存一下，但你不久就把它取回来，你并不把它丢掉。

逃避或承认失败并非如此。你弃绝了你自己；你拒绝取回你的"行李"；你已不再为你的权利战斗；你已放弃了属于人生一部分的竞争。

这与求生存之道不合，不论你喜不喜欢，你都必须每天跟自己竞争；你必须击败你心中的消极意识。你不能骑墙观望；你必须加以抉择。你不跳向这边就得跳向那边；不是

面对就是背离生活；强化你的自觉，肯定你自己，不然你就会变得懦弱无能。

不要取消自己的竞争资格

我们可以更换一个工作；我们可以脱离一个团体；我们可以避开不喜欢的朋友，但我们不能离开人类的大家庭，更不能离开我们的自我心像。

我们要学会激励自己：激励自己远离无益的愤怒，可以导致排斥作用。

在田径竞争中，竞赛者可因某种原因而被取消资格，裁判起着重要作用。但在日常的生存竞争中，只有我们自己才能取消自己的资格。而当我们这样做时，竞赛仍然照常进行，它是一种马拉松式的长途赛跑——在我们心中，我们沿着跑道奔跑，跑了一圈又一圈，受到挫折，绝不容许思虑踌躇——直到我们精疲力竭，除了气恼和孤独之外，别无表现。

我们要在自己的心中跑一场"怒发冲冠"或"艾丽丝漫游仙境"的竞赛。我们必须走进而非奔进积极的世界，去与他人竞争（以及合作），发现我们做人的效用。我们要挺起胸膛，走向完全的自尊自重。我们要沉着而又镇静地向前走，从

容而又自信地向前走，想到我们所能贡献给大家的一切，想到我们所能贡献给自己的一切。

我们返回自己；返回我们坚强的自我心像；返回日常生活的自我更新、自我改进，以及自我补偿因为判断不良而把时间浪费在过去错误上所受到的损失。我们要挺起胸膛前进，以我们的自我心像为荣，它是一种具有神奇力量的心像。

白蚁啃食木头，它们毁灭人类智慧的产物，使人一想到它们就发怒。

布里斯托尔用"啃光的白蚁"表示让人泄气的一面，因为那是一种以自毁的方式啃噬你自己的作用，直到全部啃光，一无所有。

当你逃避人生，你就是啃噬你自己，摧毁你的精神。正像受伤的人会损失血液一样，消极的生活会吸去你精神上的"血液"，吞噬你的生命力。

医生在骨折的腿上使用石膏敷料，借以限制腿的活动，促进它的痊愈。

这是一种积极的创造性计划，因此，它的最后结果，应该是腿部恢复健全，整个人则恢复全部的生活功能。

患了慢性沮丧的病人，不断地啃蚀他自己的心灵，直到发生"骨折"，然后再加上一道"石膏敷料"，刻意地限制自己的人生活动。

他为自己的失败找借口。他把自己的不善与人相交，推诿在别人身上，认为是别人误解了他，埋怨人家不公，因而限制了他与别人的交往，最后只有跟他自己交往，闷坐、呆想、自讨苦吃。

当一只白蚁啃进了一个人的心灵时，会使他从慷慨的施舍，退入一种自毁的甲壳。一旦有人帮助他祛除内心情绪的白蚁之后，他就恢复了自信而返回人世，成为社会上一个积极有为的人。

由于现代这个世界极其复杂多变，我们每一个人都有着或大或小的白蚁，以种种不同的方式在我们心中作怪。我们绝不可以让它们腐蚀我们的心灵，迫使我们逃避他人。

如果你想过积极创造的生活，你必须勇往直前地干下去，不论你遭遇什么样的困难。否则的话，你的心灵会形成一种适于白蚁繁殖的温床。它们会侵进你的自我心像，将你摧毁。

不要这样自我鞭笞下去，学习把你的船驶上人生的正道吧，不要像虫一样蛰居在死水深坑之中。

正确运用信念的魔力

不劳而获的东西必定会很快地失去。因为，以不光明的手段得到的东西根本没有稳固的基础可言，

别人也会以同样的方法将它夺去。

有高度爆破力的炸药必须要小心地处理。假使爆破的引线已经布置好了，你也已经准备好要释放出这股强大的威力，但由于它的力量很惊人，所以现在是该让你知道哪些事是不能做的时候了。

如果错用了这种威力，它就会把你的一切炸得粉碎。因为它具有自由意志，可自由选择，所以你可以选择不走正路，把它用在邪门歪道上，可是，这么做却是以你自己的生命为代价。成千上万的人就是因此而自毁的，假如这些人不及时想通，不去驾驭这个力量，导之于正途，还有更多的人会步上他们的后尘。这是人类长久以来的悲哀，即使历经了这么多年，人类还未能了解自身以及这种神奇的力量，殊不知这种力量只要运用得当，便能为人类带来永久的和平、幸福与繁荣。

时至今日，谬论、积怨、仇恨、恐惧、偏见等还有其他存在于不同种族的敌视情绪，正无可避免地把人类带往时代的大悲剧，除非互信互谅的觉醒能够奇迹式地出现。

你不可能让这种威力，永远保留而不用，它势必会以某种形式表现出来，可能是善的形式，也可能是恶的。看看你的周围，有太多国家的人民正饱尝着苦难和折磨，经济的压力、暴力、民族间的仇恨、歧视、战争，这些都是人类自己的愚昧和谬论一手造成的。

我们能做些什么？我们应该避免误用这么高度危险的 TNT 黄色炸药，以免为人类带来劫难。

也许你很快就有可能享有短暂的成功，可是，当你得到时，你却无法分析或衡量自己是否能妥当地处理。

你只能靠着心里对它存有的印象，把你所想的表达出来。你必须判断自己要求是否适当，否则，往后的日子会无法快乐起来。

你比任何人都了解自己，你知道在一定的限制以内，你能做的与不能做的。

譬如，如果你刚刚大学毕业，你就还处于把你所学的与实际工作互相印证的阶段，你不可能一开始就想做公司的领导人物，那么，你要知道，光靠你的文凭是不够的。你应该了解这一点。

但是，布里斯托尔曾经接触过的很多大学的毕业生，他们却不这样想，而这些人多半在事业上遭遇挫折，生活也不如意。

他们走出校门，一心以为外面的世界有义务给他们好的职业和生活。他们认为，以自己的学历，他们应该拥有一切。刚开始时，他们顺利地担当要职，而过不了多久，

由于本身的经验有限，有了力不从心的感受。他们开始觉得有压力，不再像开始时那样信心十足。他们看着其他学历较低，但经验丰富的人纷纷超越他们。他们无法接受这些事实，先是嫉妒、愤恨不平，继而感到害怕。到底怎么回事？他们在人生职场上有如此优越的条件，然而，在现实世界里，这些并不足恃。或许，教育本身也要负部分责任，因为这些年轻人被培养出一种要求太多的心态。

了解你自己，了解自己究竟在追求什么。任何时候都要诚实地面对自己，不要奢求非自己能力所及的事物。你将能循序渐进地得到更好、更大的机会，而内在的威力也会给你支持与帮助，使你能抵达目的，步上成功与幸福的阶梯。

很多人在初次体会到这种威力时，都会禁不起诱惑，企图把它用在私人的目的上。这个威力对你的命令一定会有反应，不管给它的愿望图像是善是恶，是好是坏。你可能计划去利用某个人，而对方如果毫无心机，并未警觉到你的伎俩，那么，你的计谋就很可能得逞。然而，这么做，同时也会引起你自己的意识领域产生反应，把相同的遭遇吸引到你身上。

由于这种错误的心灵操纵，你很可能掉到自己的陷阱，而自食恶果。因此，你原来想害别人，不知不觉中却害了自己。

现在正是人类该看清并接受这种内在精神威力的时候了，无论你信仰哪一种宗教，无论你属于哪一个种族或肤色，每一个人都具有这样的威力，只要加上正确的引导，这种力量就会为人类带来长久以来所追求的和平、幸福、繁荣和爱。

它就在眼前，在你的内在，是你的一部分。它就在你身边，正如数年前它就在你的口袋里，而你却浑然不知。它一直都为你所有，它也一直是全世界、全人类所共有的。它是超越一切的稀世珍宝，它是圣杯，它是智慧，是所有问题的答案。然而，如果你用邪恶的思想去点燃它，它也是天谴，是魔鬼。

现在，它就是你的。你知道该怎么操纵它。究竟你要用于正途或邪道，全在于你，你有何打算呢？你的决定不仅会改变你的生活，也可能影响全世界。

注意：它具有高度的爆破力，请以智慧慎重处理。正如布里斯托尔所说："如果你相信它，就是如此。"而你相信什么呢？你的信念以及世界上全人类的信念，就代表了明日的远景——光辉灿烂的未来。

第五章 运用信心的魔力
邂逅机遇之神

> 信念——并不是脱离具体的、活生生的人而存在的抽象真理。信念——是脉搏的跳动和智慧的火焰，只有当一个人能为自身树立信念，并因而在社会中树立自己时，信念才会成为现实。
>
> ——苏霍姆林斯基
>
> 你现在就有力量做你从来不敢梦想的事，只要你能改变否定信念，你马上就能得到这种力量。
>
> ——马尔茨

世上至少有 2/3 的人营养不良，若说世上也有同样多的人，因自信不足而烦恼，一点也不为过。如果自信不足，就会局限于昨天的生活模式，更有甚者，则对明日的生活不抱任何希望。一个人如果营养不良，则身体难以强壮；同理，没有自信，势必无法充分发挥自己的能力和个性。

营养不良时，只要医生开点维生素或采取食物疗法，即可痊愈；然而"自信增进剂"却没有现货，就算去药房也买不到。世上只有一个人能用这种处方，那就是自己，只有自己才能对自己的能力培养出信赖和敬意，这就是自信。不要忘了，好坏都是自己造成的。请你铭记：态度是可以改变的，只要能够充分活用自己的能力，奇迹总会出现。

机遇之神青睐自信的人

若想早日成功，就不能没有自信。理由有二：

第一，有自信的人不会忧虑和恐惧。自信可使头脑舒畅，萌生创意，也可培养友情，把握住攀登成功的阶梯时所出现的每一个机会。

第二，一个有自信的人，能赢

得别人的信赖。信心就像麻疹一样，具有传染性。第二个理由和第一个理由同等重要。

在前5章所叙述的成功要素中，布里斯托尔多次指出"培养自信"的重要性。他认为设定目标后，除了抱有希望外，还必须要有坚定的信念，要把"没办法做"的想法，改成"做给人家看"，这样运气总会冲着你来。当然，有时难免会有跌跤，但是，又有谁做事永远顺利稳当呢？不要因为一时的挫折而丧失自信，根本不必为其而担心。

怎样才能从丧失自信的深渊里爬起来呢？很简单，不要闷闷不乐，打起精神，埋头再干。只要能积极工作，幸运女神总会眷顾你的。总之，必须奋起，不要泄气。

现在就以推销员为例来证明。早晨起来，假如觉得精神不济，今天恐怕就很难应付难缠的客户。这时该怎么办？不妨先拜访几家容易相处的客户，不一定要做成生意，也许只是问候一下，若是老客户，可能会再买一点。这样，心情就会豁然开朗，结果访问越来越成功，同时，因为事情顺手，信心也能建立起来。之后，再去拜访那些难缠的客户。这就等于把用光的电池再度充电一样。

即使不是推销员，这种方式也同样管用。不论事情多么微不足道，都要尽可能做得尽善尽美以建立自己的信心。任何工作都必须重视，马虎去做，只会对自己不利，这一点务必要了解。一个人必须消除自卑，才能走向更辉煌的成功。反之，如果因一时的受挫而沮丧，以后做任何事，必然都不会顺利。绝不可气馁，要把忧虑赶跑，利用时间做点有价值的事。

什么是成功的奇迹？布里斯托尔所尊敬的积极思想之父诺曼·皮尔在其振聋发聩的大作《创造人生奇迹》与《成功的资本》中一再强调：所谓"奇迹"就是凭着信心所能达成的成就——对信念的信心，对你自己的信心，对与你交往的人的信心，对力量的信心，以及对那种决定每个人命运的内在威力的信心。假如你能有这样的信心，彻底改变悲观、否定的倾向，世界上就没有任何事情能阻止你获得成功。

攻克自卑的城堡

暂且不提丧失信心一事，事实上，为自卑感所束缚的人不在少数。如果放任自卑感不管，不知不觉中，人生就会被阴影所笼罩。然而，自卑感是可以克服的，很多有成就者都是在克服自卑后，获得了巨大的成功。因此，你没有理由不克服它。

心理学家给"自卑感"下了如

下的定义：一种不健康的想象，认为自己不可能成功的心理状态。你不能抛弃这种想象力吗？虽然你的自卑感是一种想象的东西，但是却能衍生出丧失信心、自我意识淡薄、不安、恐惧、无能等心理疾病。

你的信心是否牢不可破？现在可以从下列几个测试中，了解自己的信心程度。

1. 你会不会诿罪于人？

2. 在家庭或工作场所会不会大声斥责别人？

3. 是否在意别人对你的看法？

4. 是否经常缅怀过去？

5. 面对陌生人是否畏缩？

6. 接触到新事物时会不会慌乱？

7. 因失业而感到恐慌吗？

8. 找寻新工作时会不会感到害怕？

9. 上司对你说话时，你是否会手足无措？

如果其中一个问题的答案是肯定的，就是危险的信号，表示你需要再加强信心。你应根据本书所说的提高信心的方法，请从今天开始，确实地实行。

为什么一些身体健康、头脑清晰、外表不凡的人会有自卑感呢？心理学家有什么解释？依照心理学的说法，自卑感在6岁前就形成了，主要是父母处理子女的态度不当。原本希望生女儿，却生了儿子；希望生儿子，却生了女儿；或者长得没有兄弟姐妹漂亮；对子女不公平，动辄苛责；相反，也可能是父母娇宠过度，事事做主，不让孩子担负责任。这些都是造成自卑感的主因。

其中，学校教育总是最重要的因素。因为成绩不佳、运动能力差而受到同学的嘲弄，或者衣服破旧、父母乡音重、居住环境不良等而受到同学耻笑。

有一点必须了解，现在困扰人们的自卑感，在本质上和孩提时代并无不同。小时候，并不了解自己抱有自卑感，或者与别人有何不同，只不过心里感到凄凉罢了。但现在是个大人，情况已经不同，没有必要再为过去的伤痕而烦恼。自己不仅不再是小学生，而且还是一个受过相当教育、具备相当经验的成年人，恐惧岂不是太孩子气了吗？如果这样想，就能抛弃从孩提时代背负至今的不幸包袱。

另外一种常见的心病，就是自觉不如人，在上司面前常提心吊胆。只要一天不抛弃这种现象，就不能指望受到上级的赏识。

一位销售教育影片的推销员，在刚开始工作时，也深为自卑感所苦，每次去拜访有名望者时，总无法克制胆怯，在运用了这些技巧后，终于把它完全排除了。

这位推销员年仅26岁，主要的

工作是向大公司的营业经理推销强化销售训练的教育影片。刚开始，当他被引入高级人员的华丽办公室时，内心总会志忑不安。这些人并不可怕，且态度亲切，但一跟他们照面，他就自觉矮了半截。"跟他们见面时，我总觉得自己像个小孩。"他后来回忆说，"因为自卑感的作祟，当时我的推销方式简直拙劣不堪。坐在他们的面前，使我觉得他们像是可怕的巨人一样，相反，我却像个 10 岁的小孩一般，缩成一团。

"不久我认识到，如果不能祛除这种自卑感，我就不会有前途可言，因为自卑感歪曲了我的感受。有一天，我突然心血来潮，想象如果和他们互换立场，不知道会是怎样的情景。结果，终于获得成功。

"虽然说把他们想象成穿着开裆裤的孩子并没有降低他们人格的意思，不过，我认为还是把他们看成15 到 20 岁左右的年轻人比较合适。这么一来，果然使我觉得有点故友交谈的气氛，谈话也容易多了。彼此能站在平等的地位讲话，不但我个人感到愉快，对方也开始把我当朋友看待。于是我的态度整个转变，自卑感终于消失了。"

另外一个例子的主角，是布里斯托尔的一个朋友，他原来也怀着类似儿童的恐惧心理，然后也利用成人的方式把它除掉了。

他现在是某大报的专栏作家，以学识渊博、态度积极、文笔犀利著称。

"年轻时，"他说，"每次和陌生人会面，我都吓得要死，舌头僵硬，面红耳赤，恨不得躲起来。上大学后，我下决心要改掉这个毛病。因为自己平时喜欢写作，所以我立志成为一个记者。这样一来，不管愿不愿意，每天都要和陌生人接触，脸皮也会变厚，甚至有时不得不变成一个讨人厌的家伙。这一剂猛药竟使我真的不再害羞了。刚开始跟人晤谈或打电话时，心里总觉得不大自在，但我尽力设法克服它。而现在和陌生人见面已成家常便饭了。"

自卑是阻碍成功的大敌，但却是无数人挥之不去的顽症，而只有强烈的自我信念才能攻克这个坚固的城堡，看过上面的例子，相信聪明的读者朋友一定会知道如何攻克自卑的城堡。

寻找给你自信的贵人

攻克了自卑的城堡后，就要去寻找给你自信的贵人。曲折光明的人生旅途充满了玄机，这个贵人到底是谁? 头脑是人体最重要的部位。布里斯托尔认为头脑就像是一支天

线，不只是头脑的内部软件运作像天线的工作模式，头脑的外部硬件也像是天线。你看过什么天线是倒在地上来运作的？所有的天线都要拉直、拉高才能发送电波、接收电波。这是人在清醒时总要坐着或者站着才能保持清醒的原因。

你在思考什么，这根天线就会发出什么频率的无线电波；你喜欢思考什么，这根天线就会接收什么频率的无线电波。这种无线电波看似无形，不如通过语言来收发那么具体，但却不像语言那样可以修饰与伪装。因此要看清一个人，除了"听其言"，还得"观其行"，行为总是比语言更能说明问题。

总之，经常思考黑色电波的人，就一定传播不出金色的电波，接收不到红色的电波，也遇不到蓝色思考电波的人。所谓物以类聚，人以群分，正是如此。

工作的时候，你的思考越强烈，就会传播越强烈的电波。电波越强烈，越一致，就会吸引越多相同频率的人。这些频率相同的人中，总有人会对你产生一些决定性的助益。这种人，也就是所谓的贵人。

所以，在等待贵人的时候，千万不要看到某人碰上了什么贵人，就自怨自艾为什么你却碰不上这样的人。他是那样思考、活动，所以就会碰上那种贵人，你不那样思考，所以就不会碰上那样的贵人。但是，你一定可以碰上和你相同思路、相同电波的贵人。只要你思考得积极，电波散发得够强烈，并且长期持续。注意，光是强烈还不够，还一定要长期持续，前后一致。否则人家不容易找准你的频率。

如果你有这样的信心，不因为外界的变化而反复改变自己的思考方式、电波频率与颜色，那么，贵人就会接上你的频率，在应该出现的时候出现。

最后，寻找贵人的时候，千万不要只顾得眼睛往上看。贵人是可能从上方拉你一把的人，也可能是从下方推你一把的人。

等待着贵人的出现，每个人都希望自己"更上一层楼"。每个人也常希望自己能有"脱胎换骨"的改变。说起来想到经过高人指点之后，一副志得意满，神清气爽的样子。

然而，更上一层楼是一种急剧的位能变动。要完成这种位能变动，不经过一番筋疲力尽的挣扎，身心耗尽的奋战，根本难见功效。但是，人们往往轻易加重这个惊心动魄的过程。

最可怕的是：脱胎换骨的手术没有麻醉药好打。你必须紧盯着自己的骨头是怎么一节节被移动、被更换，才能真正体会到动这个手术的好处。

随着你逐步向上攀爬，你开始有机会从一个高一点的角度观察自己刚才的立足点。于是，你发现：原先心旷神怡的立足点，其实是一个即将崩塌的险崖。同时，因为有机会从近一点的距离观察原先渴望一探究竟的高处，所以你又发现，青翠怡人的峰顶，其实壁立千仞，峻峭险恶。

更上一层楼，是对"山重水复疑无路"的追寻，后退不得，绝不是拾级而上还可以吟诗作乐的过程。没有经历冷汗遍体、夜不成寐的试验，你不会了解自己为什么有这个需要。所以，无论你怎样寻找给你自信的贵人，首先还是你自己先成为自己的贵人，先自助后，他人才会相助。

试着去想"世界正为自己转动"

阿基米得说："如果给我一个支点，我会撬起整个地球！"你不妨也去想："世界正为我转动！"

这句话可不是叫你以为"自己很了不起"。一些成功人士常常说"不顺利的时候，只要换个思考角度就好了"，可是偶尔也会有人说"我不知道该怎么改变"。这时候你就应该用开头那句话来说明，意思是说"总之朝着对自己有好处的方向去想就行了"。不顺利的时候，重点在于要趁早割舍。换句话说，就是要去想："啊，还是在警告我'不要做'。"

比如说，当你外出时，临时发生了什么急事，必须立刻打电话。正好附近就有电话亭，你连忙走进去。没想到，那部电话是坏的。这时你会怎么办？

如果是一般人，可能会有点生气。心想"我明明有急事，真倒霉"。其实你可以另找别的电话亭。

和这个电话亭过不去，这件急事也绝对不会自行解决，也不会有好结果。

你不妨往好的方向去想，不要受那些消极的想法的影响。如果你能对每件事都有积极的想法，那么不知不觉中，就算有点小挫折，你也不会沮丧了。

萍水之缘也可能是成功的良机

缘分这东西，实在是令人不可思议。它就好像是一个充满偶然性、无法理解的方程式。遇到无法理解的事情时，人们总是告诉自己："这是一种缘分。"与其拼命想原因，不如简单地认为"这就是缘分"。

不论是公司同事还是邻居、朋友，你周围有很多需要互相交往的人。想想整个地球当中，是因为怎

样的命运安排，你和周围的人才产生了关系。这么一想，就会觉得很了不起。你和他们，如果不是因为某些偶然，一辈子可能都只是没有瓜葛的陌生人。而那些彼此连对方的存在都不知道的人，说不定明天就会邂逅，变成一辈子的朋友。

布里斯托尔和很多人因为各种机缘而认识。例如他和足球队员查理，是因为在夏威夷饭店投宿时，正巧住在隔壁，滞留期间也常在游泳池及餐厅碰到，因此逐渐产生友情；至于替著名运动选手设计外套的杰夫·汉密尔顿，则是去看篮球比赛时，因为坐在旁边而认识。即使不是名人也一样；有一次，他开会时忘了戴表，就想在会场找个人借用一下。当然向谁借都可以，不过正巧眼前有个人穿着他喜爱的绿色衬衫，于是他就向这个人借了。就此，他们变成了朋友。对行事缜密的布里斯托尔而言，会忘记戴手表本来就是很稀奇的事。如果眼前是另一个穿红衬衫的人，也许他就不向那个人借表了。

不管是在什么形式下，只要从中产生了缘分，就先听从它的安排再说。不要忽视和任何一个人的萍水之缘，没准就是这个缘分带给你成功的良机，你一定要保持时刻准备成功的信念，说不准哪个巧合的机缘就会将你引向成功的峰顶。

相信自己不比任何人差

有个穷人，从来也不肯奉承富人。富人问他："我是富人，你为什么不奉承我呢？"

穷人说："你有你的钱，你又不肯白白地给我，我为什么要奉承你呢？"

"好吧！我把我的钱，拿1/5分给你，你肯奉承我么？"

"这不公平，我还是不奉承你！"

"那么，分一半给你，你该奉承我了吧？"

"那时候，我和你是平等的，我为什么还要奉承你？"

"那么，全给了你，总应该奉承我了吧！"

"那时候，我已是富人，你倒是应该奉承我。"

有许多人都让金钱和有钱人吓得不轻。而许多有钱人行为失检，态度恶劣，却不受别人的指责。问题并不在于他们自身，而在于那些听任自己被金钱和有钱人吓得不敢做声的人。金钱对人本是一件了不起的东西，本是给人提供美妙机会的一种手段，这不是说有钱人要比别人更有价值，把我们自己看得"不如"他们，会妨害我们建立自信。每一个人都是一些了不起的人，要谨记：我们自己的权利和别人的

权利一样的重要。

现在不是鄙视的时候，没有自我鄙视，也没有他人鄙视，我们应鼓励自我和他人。

或许比尔的真实故事可以将这样的意念表达得更清楚，他是一个别人给了他柠檬，而他真的把它做成柠檬汁的人。

比尔在圣昆汀曾经是个罪犯。出狱之后，他开始写作，出了一本书名为《拨云见日》，书中描写了他身为一个罪犯的经历。后来，他成为一个公众演说家，布里斯托尔的朋友马克在大学时代的一个晚上有机会聆听了比尔的演讲。当时他面对了 1 500 名大二的学生，这些无知的学生自认为无所不知。他说："我的父母不喜欢他们自己。我父亲是一个联邦法官，而我母亲酗酒，我唯一能引起他们注意的方式就是做一些像用砖头砸破店家窗户这样的事。之后我便开始抢商店，犯了越来越多更严重的罪行，最后被关在圣昆汀监狱。"

"当我到监狱时，他们要我参与一些变态的性行为，我不愿意，他们便打断我的鼻子。"说到这儿，比尔当着 1 500 名听众的面将他的鼻子压得扁扁的。"当他们继续强迫我，而我继续反抗时，他们打断了我所有的手指头。"他将他的指头弯曲到 90 度。

这些"无所不知"的听众的注意力完全集中在比尔身上了。他继续述说他的故事，提到他曾经觉得他是世界上最失败的人。其实，每个人在生命中都曾有过这样的感觉或想法，而比尔觉得失败对他而言是如此自然的一个状态，以至于他无法感受到有什么不一样。

然而监狱长克林顿·达宝注意到他了，这个监狱长看过太多的犯人，他从比尔身上看到一些不一样的东西。他给了他一本拿破仑·希尔写的书《思考的力量》，比尔读出了其中的道理，也读出了字里行间的意义。

比尔决定成为一个有价值的人，他要通过帮助其他囚犯而成功。他写下他的目标，与别人谈论他的目标，甚至做梦也梦到他的目标。

虽然比尔原本被判终身监禁，但他后来终于获得假释。假释后他马上开始运作"7 个步骤基金会"，这个基金会是协助那些曾是罪犯的人重新在这个社会上立足。他写了一本有关他自己身为罪犯的书，并到全美各地演说以鼓励那些失足的人。很快的，他变得非常成功而且富有。

那天晚上的演讲，他让所有的学生或站、或坐、或哭、或笑，甚至有人因此而改变了人生的方向。

在他演讲的尾声，比尔说："我

要向大家介绍我的太太，她是我生命中最美丽的女人。"布幕开了，她走了出来，年轻的学子们停止了呼吸。可是那些傲慢的年轻人并不觉得她长得美丽，但台下的听众由女生们率先站起来给予她热烈的掌声，似乎一致地要告诉她，如果像比尔这样伟大的人能发觉她美丽之处，那她一定是最美丽的。

比尔，这个世界上曾经最失败的人，经过他自己的认罪，当然也加上他人的定罪，反而形成了他强有力的人格，使他能够深入人心。而这个亦是因为他已经看穿了使自己挫败的各种借口，决定将它摆到一边去。他用正向的心志态度取代了负面的态度。他接受了这个问题，并在其中发现了机会的种子。他的生命不是召唤他来做一名罪犯，而是做一名作家、一名演说家、一个成功的商人及咨询师。他突破了自己的困境，同样你也可以！

剔除拖延的习惯

能永久保持着热情的人，一生将做出优异的成绩，但是，人们往往让决断好的事情，冷淡下去，让幻想逐渐消失，等到要去使其实现的时候，却已不见了。

希腊神话告诉人们，智慧女神雅典娜从宙斯的脑中跳出来的时候，衣冠整齐，没有凌乱现象。同样，一个人最高尚的理想、最有效的思想、最宏伟的幻想，从头脑中跳出来时，是很完整的。而拖沓的人，迟迟不去使之实现，要等有了机会再去做，这些人就是意志软弱者。而意志坚强的人，往往趁着热度最高的时候，就去把理想付诸实现。

一日有一日的理想和决断。今日的理想，今日下了决断，今日就要去做，不要留到明日，因为明日自有新的理想产生。

拖沓的习惯，会消灭人坚强的创造力。过分的谨慎，缺乏自信，乃是创造的仇敌。趁着热忱最高的时候，意志催促着的时候，去做一桩事，是比较容易的。

拿浪费在拖沓上的精神，来办今日的工作，往往绰绰有余。把今日的事情，拖延到明日去做，是很不合算的，有许多事情，趁热忱高的时候去做，会感到快乐、有趣，等到延迟了几个星期后再去做，便感到辛苦了。写信也一样，要一收到来信就回复，一再拖延，那封信就不容易回了。许多大公司规定，一切信件，要当天回复，不让它搁到明天。

命运是奇异的。往往机会好的时候，有如昙花一现，如果不善于利用，错过了那美好的机会，便后悔莫及了。

决断好了的事情，拖延着不去做的人，往往会损及自己的品格。唯有按照计划去实行的人，才能使人崇拜他的人格。人人都能下决心做大事，但唯有意志坚强的人，才能去实行他的决心。

当某一概念闪现在一个作家思想里的时候，他就能立刻把那概念描写在纸上。假若他认为无暇执笔，一拖再拖，到了后来，那概念便会模糊，最后，竟会完全从他思想里消逝。

幻想在一个艺术家思想里的闪现，迅速得如同闪电，他如果在那一刹那把幻想画在纸上，必定有意外的收获。倘使他拖沓着，过了许多日子再画，那留在他思想里的幻想，或许已经消失了。

灵感转瞬即逝，应及时抓住，趁热打铁，立即行动。

"拖沓，有着危险的结局。"恺撒的一位大将只因为迟读了一份报告，竟丧失了自己的性命。曲岑登的司令雷尔，当信差送信报告他，华盛顿已率领其军队，渡过特拉华河的时候，他还在和朋友玩牌。他把那封信放在衣袋里，等牌玩好了再去阅读，谁知等他去召集军队的时候，大家已成了阶下囚，连他自己的性命，也丧在敌人的手中。只因为数分钟的延迟，他竟失去了他的荣誉、自由、生命！

许多人有病却拖延着不去就诊，身体上忍受着极大的痛苦，健康也受了极大的影响。

再没有别的习惯比拖沓更害人；更没有别的习惯，能比拖延更能懈怠人的精神。

人应该避免拖延的恶习。受到拖延引诱的时候，要振作精神去做。绝不要去做最容易的，而要去做最艰难的，并且坚持做下去，自然会克服拖延的恶习。拖延是危险的仇敌，是时间的窃贼，它会损坏人的品格，毁掉好的机会，劫夺人的自由，使人成为奴隶。

去除拖延这个坏习惯的最好的方法，只有即刻去做自己的工作，越拖延，工作就越困难。

"即刻开始"，乃是一个成功者的格言，它能将人们从困难中拯救出来。

信心只进入有准备的心灵

机遇只垂青于那些懂得怎样去追求她的人。

从前在开罗有一个人，拥有巨额财富却不知节俭，生活放荡，以致家产荡尽，只剩下父亲遗留的房子。过了不久，他就不得不靠劳动谋生。他干活那么辛苦，有一天晚上在自己花园里的一棵无花果树下睡着了，做起梦来。梦中有一个人

来拜访他，对他说："您的财富在波斯，在伊斯法罕，到那里寻找吧。"

第二天一早，他就出发了。他长途跋涉，遇到了沙漠、海洋、盗匪、河川、野兽以及种种危险。最后终于到了伊斯法罕，但是他一进城门，天就黑了下来。他走进一座清真寺，在院子里躺着睡觉。有一帮盗匪进了清真寺，盗匪的声音惊动了房子的主人，他大声呼救。邻居们也大声呼救，巡逻队队长终于率领官兵来到，把盗匪吓得逃之夭夭。队长命令部下在清真寺里搜查，发现了这个从开罗来的人，用竹鞭把他一顿好打，几乎打得他断了气。

两天之后，他在监狱里苏醒过来。队长把他叫去，问他："你是谁？从哪里来的？"

这个人说："我从开罗来，名叫穆罕默德·阿里·马格里比。我是被梦中的一个人指引，到伊斯法罕来的，因为他说我的财富在这里等着我。可是等我到了伊斯法罕，他所说的财富，却原来是你慷慨地赏赐给我的一顿鞭子。"

队长听了，禁不住哈哈大笑，最后，他说："你这个傻瓜，我接连三次梦见开罗的一座房子，它那庭院里有一个花园，花园往下斜的一头有一座日晷，走过日晷有一棵无花果树，走过无花果树有一个喷泉，喷泉底下埋着一大堆钱。可是我从来没有去理会这些荒诞的梦兆；然而你啊，你这个家伙，竟然相信一个梦，走了那么多的路。把这几个小钱拿去，滚吧！"

这个人拿了钱，走上了回家的旅程。他在自己家的花园（就是队长梦见的那个花园）的喷泉下面挖出了一大笔财富。

有一句流传很广的谚语说："自助而后天助。"自己的命运唯有自己去开创，别人是帮不上忙的。跌倒了再爬起来，勤劳不懈的人，上天自然会赐下恩典来给你。成功没有什么秘诀可言，真理都是平凡的，只有我们肯努力，能够自助然后才能得到天助。

没有准备的人，一遇失败，便没有振作起的可能。

有很多青年男女，因为没把力量积蓄起来，在他们的事业遭到失败后，便再也没有充分的精力和体力来应付那非常时期。

一些人之所以碌碌无为，是由于他们没有受过相当的教育。播种得少，收成哪里会丰盛。一个人能否成功，全看他积蓄的力量是否充足。人生最有价值的，就是贮藏着充足的精力，可供一生的应用。精力贮藏得越多，越能应付外来的事变。

卫勃斯脱给予海尼的答复，是最有名的演说词，是以积累着的东

西来应付突发事件的最好例证。海尼在会议中，曾发表了一篇颇为精彩的演说，照他想来，这演说是无可辩驳的，卫勃斯脱对于这篇演说，想在次日的早晨进行一个辩驳的答复。可是他无暇去查考记录，翻阅历史。他一个人，既没有书籍，也没有别的资料。于是他想到平日储存着的材料，在他书桌的小架子上，发现了一份开会用的稿子，就把它作为答复海尼的参考材料。第二天早晨举行会议时，他用很充分的理由，答复了海尼的演说。假使他平日没有积累材料，那么在匆促的时间里，怎能产生这有名的答辩呢？

人生对于身体上、精神上、道德上的积累，都有无可计算的价值。想要在世界上成就大事业的青年们，必须有应付一切事变的准备，并且要准备得非常充足。

普鲁士的名将莫尔克，在普法战争中，由于目光的远大，加上多年的准备，终于击败了拿破仑三世。这段历史，可给予每个青年一个很大的启示。

在战争爆发前的 13 年，莫尔克已经一一计划好了。他亲手写了一些训令，给予每个军官，一旦战争爆发，立刻依照训令去做。

每一个军官，都有一个密封的信封，里面放着秘密的训令，如怎样调遣军队，怎样进攻退守等战略。

这些军官拿着密封着的信，一得到上司出兵的军令，便拆开来阅读，立刻依照着去做。此外，对于军事中的一切，也都准备得相当充分。

在战前的 13 年中，莫尔克经常修正一些合于时机的战术，修正好了，再密封交给每个将领，以备随时应付战事。据说，在 1870 年应用的最后战略，两年前就已确定，而在最开始的战略，远在 13 年前就确定，因此在战争爆发以后，日耳曼军队的士兵，在莫尔克的领导之下，进退自如，好似钟表里的机器一般井然有序。

如果把莫尔克那样深谋远虑的准备，来和法国军部相比较，无疑有天壤之别。莫尔克不等待机会，而法国的军队，时时在静候机会。

法国的将领，常从前线打电话给司令部，不是说缺乏供养，便是说缺少扎营材料，还常报告司令部军队不能集中，由此可见法军的混乱。因此在战场上，法国的军队，经不起敌军的一击，结果，给了法国一个不能忍受的耻辱。

有许多人，由于没有准备而失败，发生了多少悲剧。他们总以为只要一点儿知识，就可以来应用，不想再求深造，来建立一个宽阔的知识基础。他们没有把人生看得完全，只看到了一部分。

一个人，如果希望有丰盛的收

成，必须准备充足的肥料，必须在播种的时候，撒上美好的种子。

鸣蝉的启示

内容充实的生命就是长久的生命。我们要以行为而不是时间来衡量生命。

布里斯托尔曾经讲述过一个寓言故事，以此来说明行为的重要。一个炎热的上午 8 时，蝉发表了它的第一篇作品，它讲到世事：炎热；同一天 11 时，它还在鸣叫，并没有改变它的调子，而是扩大了它的主旋律，它讲到清晨：爱情；在酷热的午后时分，当爱情与炎热带来的伤感动摇了它时，它心灵的交响乐进入了最伟大的乐章，于是它说到死亡。但是这事还没有结束，晚餐以后，它把炎热、爱情、死亡综合起来，编织成最后一节，比其他各节更为精妙，而且也没有那么嘈杂。它还掌握着最后一个英雄般的单音节词——生命，它回忆着说：生命。

百年可以短如一日，一日也可长于百年，关键要看你这一日或百年是如何度过的。

尽管每天生活得愉快是世人所愿，但现实生活的忙碌却令人难以从容不迫地生活。然而大多数人依然祈祷能过快乐的日子。

因此，勿将自己的命运形于表面，勿因命运的不公而自暴自弃，命运虽是与生俱来的，但物质与精神，以及如何走完前面的路途，却掌握于你自己的手中。

切勿自认命运差便生活得无精打采，应深信：勤奋地工作是可以扭转命运的。为了扭转命运，首先要爱你的命运。莫以被动的姿势接纳命运，应以主动而积极的态度去爱自己的命运。正视自己的生活，找出生活中的缺点并加以修正和改进，奋发向上。如此经过一段时日，命运自然会开始为你铺设愉快而明晰的生之旅途。

坚持自己的信念，深信命运可凭一己之力改造：要生活得有意义，爱自己的命运就是第一步。

人生没有绝境——机遇永存

在大雪之后，一个迷路的旅人敲着一栋房子的门。

房子的主人非常纳闷："这么晚了，又是大雪夜，有谁会来呢？"

他从壁炉边披了大衣走到门口，当他开门时，才发现是个陌生人，刚刚穿过风雪，满脸沧桑，当主人抬头看到旅人走过雪地的脚步时，大为惊骇，他说：

"你的运气实在太好了，你刚刚笔直走来的路，实际上是一大片沼

泽，上面只有一层薄冰，住在这里的人，没有人敢从那沼泽上走过呀！"

在同样下大雪的夜里，一个当地居民被一群野狼攻击，跑到沼泽边上，他只要再直线跑 100 米就可以跑进家里，躲过狼群。

不过，他知道门前就是一个结着薄冰的沼泽，他迟疑了半天，决定绕过沼泽奔跑，最后，他成为狼群的晚餐。

我们的人生不正是如此吗？当我们有信心的时候，万丈深的沼泽也可以赤脚奔跑；失去希望的时候，一尺深的水池也寸步难行呀！

在危急时只有信心才能为你带来生的机会，在日常琐碎的生活里也只有信心才能为你带来生活的激情，充满激情才可能创造出意想不到的人生奇迹，在诺曼·文森特·皮尔的《创造人生奇迹》一书中就多次提到这个问题，关键一点还是要我们有切实的行动，加强信心，创造机会！

第五章 运用信心的魔力邂逅机遇之神

第六章　运用信心的魔力
创造快乐的生活

如果你能保持快乐的表情，那么心情也会随之快乐起来，而且这也是令人集中精神做事的良方。因此，无论是工作或会议，若都能以愉快的态度参与，那么，你将会发现其实你对这件事具有浓厚的兴趣。

——戴尔·卡耐基

当你自身还不完善的时候，你需要理解自我。你应该理解，每个人都有挫折，都会经历风风雨雨，而无谓的压力只能失去对自我的信任。你应该理解，在困难的条件下，我们需要的是同情自己而不是鞭笞自己，需要的是给予自我显示真正价值的机会。

——马尔茨

在这个物欲横流的时代中，如果你想获得心灵上的平静，首先必须以坚定的信心面对你的焦虑与不安，不要自怨自艾。在这个多彩多姿的世界上，你应深信，你同样可以快乐如君王。

也许你在早晨看报纸的时候，总会看到一些粗黑的大标题赫然出现在眼前——核武器升级、外交威胁、违法犯罪、政府滥权等。

"瞧，"你可能会这么说，"这就是最好的证明，我们根本无法在这个世界里静静休息。全世界动荡不堪，已经无法控制了。"

你错了，你可以放松下来，获得心灵的平静——即使别人都在焦虑不安。

紧张已不是新鲜事。在人类历史中，已经经历过太多动乱不安。动乱一向是人类社会发展过程中不可或缺的一部分，从古希腊和罗马的战争，经过法国大革命到20世纪的两次世界大战，战争和动乱，一直不断地出现。美国历史上最疯狂的时代莫过于19世纪中叶，南北内战造成美国人民的互相残杀，某些

士兵甚至被迫杀死自己的好朋友。

虽然残暴的大屠杀也不是20世纪人类唯一的灾难,即使在比较安定的日子里,也不断出现危机和困难。然而,你可以学习容忍这些压力,甚至在生活的奋斗中获得胜利。如果你无法获得平静,生活将没有意义。正如古希腊哲学家柏拉图所说:"人间万事,没有任何一件值得过度焦虑。"所以,你必须使你的灵魂获得安宁,并且平静的生活。

设法放松自己的情绪

首先你一定要相信"内心的平静"是你可以达到的一个目标。这也许不像表面上那般容易,如果你已经习惯于骚扰、打击及指责你四周的人,那么你可能认为心情的平静是无法获得的。

在我们身边,有许多事实证明焦虑、紧张等不良现象的存在,如一些重要的杂志与报纸,经常报导今日青少年内心的焦虑不安,以及他们紧张情绪的爆炸性。

一些最受尊敬的社会学家也告诉我们,现代生活充满许多不正常的焦虑。

哲学家、心理学家以及宗教领袖皆同意今天的生活缺乏精神上的平静,充满冲突,并受到怨恨的骚扰。

数以百万计的人以焦虑来折磨自己。他们优柔寡断,充满恐惧,甚至无法接受自己的感觉或缺点。他们对任何事情都不敢做决定,对于所谓的生活"失败"感到愧疚。他们的行为太矛盾否则就是害怕得不敢采取任何行动。焦虑已经成为他们的生活方式。恐惧充斥着他们的头脑,取代了他们应有的成功与充满信心的感觉。有些人甚至已经好几年不曾享受过真正平静的一个星期了。

这是不是证明生活中的宁静不会存在?不是。上面所提及的这些令人沮丧的例子,是要向你再度说明,如果你感到焦虑不安,也不必泄气,因为跟你同样的人太多了。在今天这个世界中,确实有些情况会产生焦虑与不安,因此若想获得心灵上的平静,首先就要接受并勇于面对你的焦虑与不安,不要因为它们而责备自己。你越能够坦然面对焦虑与不安,就越容易容忍自己的弱点,也越能够接近心灵的平静。

你要相信自己是可以获得平静的,本章将提出很多建议帮你达到这个目标。

首先,从事一些能够令你感到满足的活动。这些活动应大部分是属于个人喜爱的,因为某些嗜好或仪式可以成为某些人的"心灵镇静剂",让他们获得彻底的宁静,进入一种心灵澄澈状态。

有个老妇人——她是布里斯托尔的老朋友，已在几年前去世——曾对布里斯托尔说过，每当她感到焦虑不安时，她就去阅读《圣经》，因为这样可以减轻她的紧张。她只要坐在摇椅上前后摇动，一面读着《圣经》，就能使自己心情平静。

而布里斯托尔的一位医生朋友，每天下班后，仍然可以感觉到工作的压力，因而觉得精神十分紧张，但他只要弹弹钢琴，就能平静下来。他所弹的曲子大部分是肖邦的作品，布里斯托尔有时也到他的公寓里坐坐，点上一根雪茄，看着他弹钢琴，在优美的琴声中，不知不觉和他一起轻松起来。

"我不知道这是怎么回事，"他有一次对布里斯托尔说，"只要我弹起钢琴来，我就觉得十分轻松，忘掉了生活压力，能够自得其乐。我不再担心那些痛苦的病人，也忘了那些身患绝症的人，我这样想也许不对。"

"不，"布里斯托尔说，"你必须放松下来，甚至忘掉最可怜的人，否则你不但不会成为好医生，也会降低你帮助病人的能力。钢琴给了你心灵上的平静——接受这个礼物吧。"

人人都有这种振奋精神的潜力。把它找出来，然后看看它为你带来什么好处，并充分利用及发展。

你是忧虑的奴隶吗？如果是的话，问问你自己："你相信忧虑的奴隶这回事吗？"

这不是笑话。如果你的思想不断地从这个忧虑转到另一个忧虑，那你当然就是忧虑的奴隶，而不是个自由人了。

也许你会说："值得忧虑的事情太多了。"你用不着一一列举你所遭遇的问题，这样想是很消极的，因为它浪费了你出色的思考能力。

《如何在一个忙碌的世界中放松心情》一书的作者卡宾夫妇在书中写道：

"如果你习惯于制造消极思想——嫉妒、怨恨、自怜等，那么不妨把这些思想当做脑中的侵略者。一句古老的东方谚语说得很好：'你无法阻止鸟儿自头上飞过，但可以不让它在你头上做窝。'"

"面对你的困难，从各方面去收集与困难有关的知识，不要总是忧愁，应尽量设法改善造成困难的情况。同时，不要把你的忧愁传给朋友以及心爱的人。"

这是很好的建议。因为忧愁和焦虑是人类破坏力最大的祸患之一，一旦让它控制了你的思想，你的日子会变得十分悲惨，你将无法安眠。任何可能降临在你身上的祸害中，最不幸的便是忧愁和焦虑了。

著名的哲学家科克加曾经写道："没有一个审讯者能像焦虑那样随时准备折磨人，没有一个间谍比得上忧愁那样懂得如何选择在他所怀疑的对象最懦弱的时候去攻击，或设下陷阱诱捕对方，不管如何精明的法官也比不上焦虑那么懂得怎样去审讯和查证，焦虑永远都不会让被告逃之夭夭的……"

下面布里斯托尔所提出的这些方法将可协助你克服忧愁和焦虑，放松自己：

1. 公开你的忧愁和焦虑。把你的忧愁和焦虑告诉朋友，即使听来很荒谬的细节也不必隐瞒。你把自己的忧愁和焦虑恐惧说得越多，就会忘记得越快。

2. 努力解决问题。当你觉得你已经尽力去解决一个令你感到忧愁和焦虑的问题时，即使你并未找到一个明确的答案，也会对自己感觉满意，让自己身心松弛一下。

3. 引导你的思想进入建设性轨道。你既然决定解决某些使你焦虑不安的问题，那就不要往悲观的方面去想，否则只会使情况更恶化。要更积极地运用你的想象力，描绘出更快乐的情况，或适当采取为你带来快乐的活动。

不要为明天而生活

布里斯托尔曾说过，每一次想到世界上竟有这么多不幸福的人，就觉得不可思议。我们每个人并不是生来就要过着悲惨的日子，生命太短暂了，我们不应该过得悲惨。身为人类，我们是万物的灵长，我们应该感到幸福快乐才是。

当你感觉到忧愁时，请记住——你只能活一次，因此要尽量善用你的时间，为有意义的事奉献你的精力，努力使自己及他人获得幸福快乐。不要浪费时间，必须了解时间的伟大价值。如果你头脑清醒，你会不会把钱丢掉？当然不会，那为什么还要把比金钱更珍贵的时间浪费掉呢？

时间是你最宝贵的礼物。有一位大诗人曾经写道："……时间迅速飞逝，只不过一会儿，我们的双唇已经麻木。"这是智者之语，他告诫我们不要浪费时间，不要虚度光阴。

有很多人是生活在未来的。他们或者是不断地存钱，以备"不时之需"；或者是把钱存起来，以便"退休后搬到佛罗里达享福"；或拼命工作，"将来老了以后，才能照顾自己"。

未雨绸缪是一种美德，而且上面引述的种种计划也相当明智、周全。但是这些人当中，有很多人却以牺牲眼前的生活来策划将来。从某种角度讲，这是个毫无意义的行为。生活是不稳定的、没有保障的，因此如果一个人牺牲目前的幸福来换取遥不可及的将来，很可能最终一无所获。

如果你目前每一天都过得十分充实，仍然能够为未来的幸福打下基础的话，那是最好不过了。但要是自弃目前的享受来换取不可知的未来，那是得不偿失的。

布里斯托尔根据个人60多年的经验总结出如下结论：有些人为"明天"而活，但在他们尚未到达"明天"之前就死了；有些人为了"晚年幸福生活"而存钱，到最后却因为某种意外而损失了终生的积蓄；有些人终生辛勤工作，换来大笔金钱意图安享"黄金晚年"，但他们却已经失去了健康。

布里斯托尔认为这些人的做法是不可取的，他建议我们要想幸福地生活在现在与将来，应采取下述行动：

1. 每一天尽量过得充实。

2. 为每一天定下目标。就算有人认为你所定的目标过于琐碎，也不要理会他们。只要这些目标对你有意义，就是最正确的。

3. 告诉自己：你有获得幸福的权利，不要因为别人的消极想法而使你忧虑。

4. 每天抽出一定的时间让自己轻松一下，做一些能令你感到心情平静的事情，使你远离生活中的烦恼忧愁。

5. 认清真正的你，并接受你的缺点与优点，不要妄想成为完人。

如果你能按照上述方法切实采取行动，那么不必假借外力，而是借着本身的威力，这种天赋的使人能够做一个真正的人的威力，你就会让自己的生活变得更加美好！你会认识到：人不必依靠金钱、电器、汽车、房子、貂皮以及所谓的物质财富，而是靠内在心智的威力，这种威力来自整个宇宙，是宇宙的一体，这种力量能帮助我们实现一切的理想。

最幸福的人是拥有现在的人

每个人应该了解人生最重要的就是生活本身，所以人的第一要务就是对这个"生命"负责任。如果他付出全部的心血，生命就能如他所愿；如果轻视生命，不关心这个生命，生命自然不会如他所愿。在宇宙把生命交到我们手上之后，以后的事就靠我们自己去决定该怎么做才正确。下面的这一首诗应对我们有所启示：

我路过这个世界仅此一次，

因此，若有任何我能尽到心意的事，

若有我能对别人表达关怀的事，

让我此刻就去做，

让我不延误也不漠然，

因为，生命没有第二次机会。

每个人只能活一次，这是不变的事实；认清这一点，你就应该活得自信，不要活得怯懦；要活得沉着、平静，不要活得惶惶不安；要力求心态的平衡，不要困惑混乱。为自己也为了我们身边的人，你应该让生命做最大的发挥，而不是自暴自弃、误人误己。你有这个选择的能力，让我们尽全力来发挥。就在你运用智慧面对生命的时候，你会发现天地之间有一股神奇的力量来支持你做出最佳的抉择。把握现在你就不会失败，你只允许自己成功！

你也可以把每一天当做生命中最后一天那样生活。只要你把它想象成真的，那么一些平常会令你心烦的小问题，就无关紧要了。你将不会再去为许多小事情烦恼——这些日积月累的小事情将会破坏你的幸福。你将会很惊讶地发现，这种想法能够为你带来很大的平静。既然这是你在这个世界上的最后一天，又何必去担心一些琐碎小事呢？

这世上，最幸福的人不是明天如何辉煌灿烂的人，而是能把握现在的人。拥有现在的人懂得金钱是好东西，但是金钱买不来幸福。

把握现在，你可以想象自己进入一种境界。正如布里斯托尔所说，如果你对自己有信心，而且认为自己有权利得到幸福，那么不管到哪儿去，都可以下定决心去创造幸福。

只要你对自己有信心，你将会发现整个世界充满了幸福——早餐的美味可口，早晨沐浴的神清气爽，即使在简单例行的穿衣过程中，你也会觉得无比满足。当你出门走在街上、走在上班的途中，将会友善地看着四周的人，因为你觉得他们就像是你的兄弟姐妹。他们并非十分十美，如果有人显得冷漠无情，你将会敏锐地察觉到他们可能遭遇了难解的困扰，你将尽量善待他们。如果他们对你的友善没有立即反应，你也不必介意，因为你将为自己的宽容大方感到欣慰。

在这个不完美的世界里，有很多美好的事物，只要你用寻求满足的眼光去看。

正如我们前面所说，在这个多彩多姿的世界上，你同样可以快乐如君王。

但你首先必须想象自己进入这种境界。你一定要排除掉消极的感觉——恐惧、忧虑、憎恨，因为它

们是快乐的敌人。如果你感染了这些虚幻的疾病，你将无法感到舒适，甚至也不知道幸福的意义是什么。

坚信生活是美好的就能获得快乐

世界伟大的思想家，东方的大哲人孟子曾说过："当天下人皆不快乐的时候，我如何能独乐？"这位哲人所说的是一个值得探讨的问题。如果我们看不到快乐的人，我们便会断定：人生的真意本不在快乐；而当我们有了一段快乐时光，我们早就在心里预言这是短暂的。可是，假如这位思想家要是这么说："你们看我，我是这么快乐，你们也可以和我一样，只要你们肯追随我。"这么一来，他的信徒就会认为"快乐"是人生的常态，而世界上至少有一个教派，其百万信徒都是快乐的人！从这个例子上，我们再次看出一个人可以影响一群人，甚至上百万人。正如许多新发明一样，本来从来没有人有这种想法；同样地，在佛罗伦萨·席恩之前，从来没有人敢说"美好的事物可以长久"，那时候大家都认定好景不长，因为一直没有人能提出有力的反证。前面我们提到的那位哲人选择让自己做一个不快乐的人，是因为他觉得世人都不快乐，他没有为他的教徒立下一个

值得追随的快乐榜样，这完全是他自己给自己选的一条不快乐的路。

对个人来说情形如此，对一个国家来说亦然。一个国家处于最安定时期的时候，人人有工作，失业的人极少，大家都有能力买新车，股票行情看涨，房地产也一片好景，大家看来都在赚钱，几乎人人都很得意，这个世界似乎正值繁荣的全盛时期。但是，有很多人开始觉得不对劲，从穷人到富人，从弱者到强者，从上流人士到中低阶层，很多人开始觉得生活和美是不可能的。这种想法点点滴滴地渗透、扩散，事情开始有了变化。大家都变得很胆小，股票开始下跌，银行也跟着关门，到处是黑暗和绝望，昨天还是一片繁荣的乐土，现在却跌入沮丧的谷底，只因为人人都认定太幸福的生活是不可能长久的。

如果这些人懂得选择的威力，而且抱定"幸福能常在"的信念，那么整个状况又会如何呢？答案是他们就找到了使自己平平稳稳、一生顺利的秘诀。正如整个国家处于停滞状态，似乎停留在原地毫无进步的时候，汽车适时地出现，让大家都积极振奋起来；当大家的生活步调赶上汽车时代，而一切又有欲振乏力的倾向时，飞机发明了，飞机的出现再度带动了社会前进的脚步……然后有收音机，收音机之后

电视出现了。好景并非不长在，好运也会落在每个人身上，正如逆境的出现一样平常。

在这个世界上仍然有成千上万的人一无所有，有成千上万的人一贫如洗、居无定所，民智未开的社会仍然存在，根据调查，在一些贫困地区有2/3的人没有吃饭的食具，他们甚至不再奢望能改善他们的生活。

让人们抱着一个信念——好运也会长在。为什么许多人一定要活在古老的教条的阴影下面，认定不如意的事十之八九？

当周围的人都充满了烦恼、困难和失望时，人们自然不太容易安于自己的顺境；然而，你应该知道，他们之所以会挫折不断，那是因为他们未能正确地支配选择的威力，所以事情才会演变成那样。当事事都很顺心的时候，有很多人不免会暗自庆幸，太美好的东西使人不安，怕它们随时会跑掉，这种恐惧显然普遍存在，所以，布里斯托尔认为必须要不断地教育自己：所谓"好景不长"根本是谬论，只要你愿意，选择快乐的生活，好景也长在，不久之后，这种想法自然会变成坚定的信念。当大家都把这种信念带进生活中，人生就能够像哥伦布在1492年发现的新大陆一样是一片新的天地！

利用信念医治你情感上的创伤

克服心理上的问题和不幸遭遇，是每个人对自尊心所应尽的责任和义务，你不能把头埋入沙中而去逃避过去、现在或未来的创伤。

生活就是创伤。

有生活就有心理的创伤：没有一个人能够避免，也没有一个人敢说他完美无缺到不曾遭受一点讥讽。

每个人都犯过错；每一个人都受过伤。

在布里斯托尔的一生中，他经常碰到身体上的创伤。小时候，他是纽约市一群顽皮少年中的一分子。这些孩子们常做膝行肘爬的游戏，谁的疤痕最多，谁的动作就最多，谁就是孩子中的大英雄。数以百万计的儿童都有过这种经历，芝加哥、洛杉矶、伦敦、莫斯科——每一个地方都有大叫大嚷、跳跃奔跑、磨破膝盖的孩子。

不过，这些身体上的疤痕仍然是良性的。损伤非常肤浅——实际说来，并没有真正的损伤。

但是，当布里斯托尔年事渐长而见识日深的时候，他在人们的身上——有时在自己身上——看出内伤的征兆：太多的痛苦、情感的损伤、混乱、愧疚、怀恨、自卑、自认为没有价值。这些都是伤痕——

情感上的伤痕。

这些心理上的伤痕，比起身体上的伤痕，要严重得多，也更使人痛苦。

购买这本书来看的读者之中，可能会有很多人是曾经受过心理创伤的人。也许你也是带着这些创伤进入少年和成年时期。在多数的例子中，这些创伤，不是来自你只看自己的倒霉时刻而不看自己的得意时光，就是来自你只看别人的心像而不看你自己的心像。例如，不幸的家庭生活、丧失爱人或亲人、不幸的婚姻、丢了工作诸如此类的苦恼——所有这些，也许没有一样是你自己的错，但是，你能够对它们怎样呢？

你不能避免这些创伤，你无法避免错误、争吵，还有别人对你的种种误解。

所有人都曾在各种不同的情况下犯过错误，那么你怎样才能跟你的错误共存呢？

那就是运用你的信念，投入这场旷日持久的冷战中。

《圣经》中说："当我是一个孩子的时候，我像孩子一般说话，像孩子一般理解，像孩子一般思想；但当我一旦变为成人之后，我就放开孩子气的东西。"

答案在于用成人的观点来对待心理的创伤。你不能以孩子的办法，用魔术驱除一切的困难和冤屈。你必须用成人的办法去处理它们。

你必须认清这个世界中的种种真相。只有蒙着眼睛去看世界的人，才会认为它完美无缺；能够运用头脑和感觉的人，就能看出它的复杂性来，他不愿以自欺和否定现实的办法，去获得虚假的宁静。

不过，说句实话，这个世界的确有着很多不安和危险，就像一个人在自己的生活中所面对的一样。克服心理上的问题和不幸遭遇，是你对自己的自尊心所应尽的责任和义务。你不能把你的头伸入云中或埋进沙中，也不能逃避过去、现在或未来的创伤。

你要学会跟它共存，你要勇敢地面对现实而不被现实压垮。

医治情感创伤的千金药方

这里有治疗心理创伤的"盘尼西林"，不需要医生为你开一张处方才能去买。第一个是在这个不安的世界中寻求安静轻松的新方法。第二个是每个人的朋友——原谅和坚强的自我心像。想想骑着脚踏车前进的那个人的心像，如果他跌下脚踏车，他只有再度跨上他的车子，才能到达目的地。下面是布里斯托尔教给我们的进行自我治疗的办法：

1. 不时回避一下。

2. 学习原谅之道。

3. 强化你的自我心像。

首先，我们来谈谈为了克服麻烦和紧张，而回避它们的问题。

布里斯托尔在这儿所说的回避，并不是永久逃避这个麻烦的世界，而是间歇地暂时回避一下，便会获得心灵的和平、宁静。毫无畏惧地思考问题，恢复身心的完整，然后以旺盛的战斗精神，去面对人生的挑战。

诗人佛洛斯特，当初曾被他自己的国家冷落，但在数年前，他过75岁的生日时，终于受到了参议院的奖励。他的早期作品，都是在英国发表的；后来他返回美国，不久便踏了成名之路。

你也可以克服困难，一次又一次地东山再起。如果要过积极创造的生活，你必须与它并驾齐驱，不停地挺胸前进。偶尔来一次回避，对你是有益处的。你可以然后再返回生活。

其次，治疗心理创伤的另一个办法：原谅。

你必须宽恕你自己：原谅你所做的错误决定；原谅你所说的愚蠢言语；原谅你的自责。你必须原谅自己：当你需要智慧的时候反而愚昧；需要大胆的时候反而拘谨；需要谨慎的时候反而鲁莽——不要再折磨你自己。你必须原谅你自己：

当你为小事大发脾气的时候；当你屈服于不愿为别人着想的自我本位的时候，这些都是人性的常情。你曾经历过成百成千的大小败仗，你必须抹掉你的羞愧。

因为，原谅是一种崇高的美德，它是安抚生活创伤的良药。没有它，你的心中便没有容纳宁静安逸的余地，那就只剩紧张不宁了。

如果不原谅自己的错误和缺陷，便无法去过积极创造的生活，那么许多人会产生这样的痛苦：夜间失眠，白天疲倦。

你必须明白：身为一个人，你不但独一无二，而且具有人类的价值。

你要能原谅你自己，而后才能原谅别人。不论你是谁，除非你生活在象牙塔里，否则难免不受到伤害，但你要停止怀恨。

很多人念念不忘地把时间浪费在痛恨曾伤害过他们的人身上。现在该是原谅和忘记的时候了，不是吗？只有如此，你才能拟定计划，设定目标，努力使每一天变得美好，好好地生活、前进、挑战、爱，使你的每一天成为一个宝贵的日子。

饱饮甜美的原谅之酒——原谅你自己，并宽恕别人。你必须原谅父母、朋友和亲人，原谅过去的错误，原谅他们对你所造成的伤害。忘了它吧，代以爱心，现在就把它忘了。

分析到最后，只有你的自我承担——你的自我信念的力量，才能使你祛除一生的心理创伤。

只要你能从你的得意时刻看你自己；只要你能以使你感到愉快的态度想你自己，就能治疗你的创痕，敷上你的伤口——你就不会逃避人生，钻进一个永久的甲壳之中。

麻烦的是，许多人不从他们的得意之处去看他们自己，却从他们的恶劣时刻去想他们自己。他们似乎不能去看他们本身的长处，不能去想他们本身的长处。他们厌恶他们的自我心像，不想改变自己。他们总是仇视他们的自我心像。

太多的人以苛评打击自己——比跟他们作对的强敌还要苛刻；比迫害他们的异教裁判官还要恶劣。

现在来假想一个审判的场景。你正在受审，法官非常严厉。

法官："你怎么啦？你的神情十分恶劣。"

你："对不起，法官大人，小人因为时间不够……"

法官："我没有准许你按铃申告。"

你："嗯，小人……"

法官："不错，你真像一名罪犯。我一眼就看出来了，犯了什么罪？"

你："对不起，法官大人，小人给人家的印象不佳。小人真的尽力

了，非常努力，事实上……"

法官："不要尽说自责的话，这对你没有用处。现在，我们来把有关本案的事实记录下来，好让我判你的罪。显而易见，我看你应该受到严厉的处罚……"

这个荒诞的审判场景，究竟是让你心惊胆战，还是让你觉得好笑？

两者都不是，为什么？因为在这个奇怪法庭中迫害你的法官，绝不比在你心中迫害自己的法官严厉。而你——在这个法庭中受审的人，感受到的歉疚也比你心中的自我所承担的要少得多——阅读这本书的人多半如此。

这个世界上对自己刻薄的人太多了；很多人根本不给自己一个成功的机会——就像上述法庭中所显示的一样。

尤其糟糕的是，很多人的自我心像很讨厌，却不肯改进。对他们来说，要想使他们打破平生的习惯，实在不容易；他们不是自视卑下，就是苛责自己，再不然就是以某种消极或安全的方式寻求安慰。

如果你要活得欢畅（尽管有着情感上的创伤，但这是生活过程的一部分），你需要学习回避和原谅——这些都是有益的办法。

你还必须学习把自己看做一个有价值的人，值得享受美好的人生。你必须用信念重新塑造你的自我

心像。

你必须对你自己有足够的好感，才能享受你的欢乐时光。

你必须告诉你自己："该是享乐的时候了。"

只要你觉得你有资格享乐。

友谊对发挥信念的作用

实际说来，朋友比良药还要好些。良药只能用在已经生病的人身上；友谊则可使健康的人享受生命的快乐——一种终生受用的乐趣。

人生没有友谊，就像菜里没有油水，可谓美中不足。真正的友谊是一种心照不宣、互相依赖的关系，它的价值无法估计。

正如美国首任总统华盛顿所说："对一切人都谦虚，而跟少数人亲密，但在你信任这少数人之前，先让他们好好接受考验。真正的友谊是成长缓慢的植物，在成材之前必须经得住逆境的打击。"（值得一提的是，华盛顿给人的印象就像高尚的友谊一样，好感与日俱增。如今，他既不再像当时人们所见的那样神乎其神，也不再像人们企图塑造的那样无与伦比，而是一位人间凡夫——有优点也有缺点，但却是美国发展史上一位伟大的总统）

美国的另一位总统杰斐逊，曾经把友谊比作醇酒。

对，友谊像好酒一样，持久不变。酷暑和严寒都不能破坏它。而且，正如杰斐逊所说的，它能使人"恢复精神"，使人能够解除人生的烦忧，使人能够睡眠安适，养精蓄锐，勇赴人生的战场。

友谊是至宝。

它是人们之所以能够发挥信念创造积极生活所需的武器。

说来非常可悲的是，大多数人对交友的结果多半感到失望，友谊不但没有滋养他们的人生，反而使他们受到伤害，也使他们少为别人着想而多为自己考虑。人们很少想到自己可能犯了错误，看来错误似乎多是由别人造成的。

友谊是给予。

谁都不能逃避人生，任何人都必须付出他们的全部，去创造美满的生活。

友谊的意思，不是有所取于他人，而是施予——并非是物质的礼品，而是热情、诚挚、谅解的赠予。友谊的意义，是把勇气灌输给他人，是把自身的部分自尊转移给对方，是从此共享创造美好生活的信心，是给予他人的赠礼。

你必须想着别人，尽量迎接他们，献出你们的长处。只有如此，你们才能获得友谊的回报。

英国作家约翰生博士认为，一个人应当经常改善友谊的质地，应该"在穿清洁衬衫的日子"去看他的朋友。

你必须经常为他人改善你的友谊。

你也必须经常为自己改善你们的友谊。你必须把自己认做是"乐于交友的人"。因为，如果你要跟他人友好，必须能够善待自己。你必须随时随地补偿你所受的损伤——你的失败对自我心像所造成的损害。你必须克服失败，保持你的自尊、自重，这是尊重别人不可缺少的基础。

只有那样，你的友谊才有真正的价值；只有那样，你才会谦逊而不至于妄自尊大。只有在你可以尊重自己的时候，你才能体会到谦逊的礼仪——礼待他人和自己。

只要你懂得交友之道，就可以活泼进取。你给你的自我心像一个满意的微笑。

你要向前看，不是向后瞧。毕竟每一天都是一个新的日子，因此你每一天都要专注于人生。你要为这个新的日子而集中你的资产，不许失败的恐惧使你走入岔道。

你要有远见。你是人类家族的一分子；你要成为你与他人相关的人。你要以一种大社会的意识扩展爱的能力，共同承认人类的弱点。你要明白你的邻居种种歪曲的观点的错误；他会误解你是他的敌人，而不认为你是他的朋友。

你要原谅。

全世界的人都在寻求友谊。每一个人都在求人原谅，犹如寻求食物和住所般地迫切。然而，大多数人却往往跟他们耻于犯错一样在耻于原谅，好像犯错或原谅是一种可怕的弱点。但这种羞耻腐蚀着他们，使他们失去人性。耻于承认自己的错误是一种不健全的心理，而不肯原谅他人的过失则是冥顽不灵。

原谅的度量，应该像求生的能力那样大，因为除非你能使原谅成为一种像穿衣吃饭的习惯，否则你不能达到真正理想的人生境界。

要跟他人和谐相处，非有原谅的慈心不可。犯错是人类的损失；原谅是人性的成就。但你必须先原谅你自己，你才能承认你是一个人，一个庄重自强的人，而不是一个完美无缺的天神。

孤独的真面目

治疗悲伤的良方是走向人群，以你的丰富内心面对他人，并拆除与人隔离的院墙——孤独者用以掩藏自己的篱笆。

征服孤独之苦，比征服埃佛勒斯峰或其他任何山峰，要困难得多。在布里斯托尔看来，征服孤独之苦，比起征服南极和北极，比起过去、现在

及未来征服外太空，都更为重要。

首先，为这个词儿下个定义：什么叫做"孤独"？

所谓孤独，因人因事而有不同的意思。许多人认为，一个人独处就是孤独；一个人独处一室，沉思默想，就是孤独。

这种说法有失偏颇。孤独的人可能很少独处，他也许根本不知道在家度过一个黄昏，以抽烟和沉思打发时间的滋味。

孤独的问题不是一个人独处的问题，而是感到孤单、寂寞的问题。它是一种跟他人失去关联的感觉，它是一种可怕的感觉——跟他人失去联系，中间产生了裂痕，有一条鸿沟横在他们之间，别人都在一个跟他远离的天地中活动。

孤独的限度，其分界就是一种把个体局限起来的围墙——用来把人围起来，以便跟邻居隔绝的围墙，不是为了种花、种菜、种水果，而是阻碍人类之爱和兄妹之情的发展。

限制自己，以免犯了超过范围的大错，这并没有错误之处，但我们也不可过度自限，以免低估了我们的能力。不自量力与真正的量力而行之间差别很大。真正的量力而行，跟自限正好相反，后者是孤独的一部分。而自限的反面是向外扩展的，我们应该以此为目标。

自我驱逐甚至更加恶劣，它隐含着痛苦的自我否定，根本不相信自己，而这正是孤独的核心。当我们存心逃避他人和生活的时候，我们便把自己逐出了自己的世界；身为自己的屋主，我们把我们自己的感情和快乐掷向自己，直到它们失却了生命的意义。

这是一种自卫的手段，出自一种不良的自我厌恶——一种没有爆发的自责火山，没有释放一种健全的自我批评机制。

它是一种受到威胁的自我保护，显示出信心的缺乏：不相信自己，不相信他人，不相信上天，自我驱逐的人觉得他自己一文不值，宁愿自己在孤独的自卫围墙之内，也不肯表露他的庐山真面目。

人们并不回避自我驱逐的人；自我驱逐的人逃避他人，他人在他的心中，多半是看他隐私、看他罪过、看他可怖的眼睛。因此，他驱逐他的自我之情，驱逐他人对他的感情，从生活中退入绝望的沙漠，退入烦恼、痛苦的牢狱——一种比监禁真正罪犯的监狱还要恶劣的牢狱。

征服孤寂之苦

驱逐的反面是深信，其中包含热切的自信。自信告诉我们：不论我们自以为是多么的渺小，也不应该把我们自己从人生的住宅中驱入水沟。我们要常使自己充满信心，相信总有一个地方可以作为我们与他人共处之所。我们要用信心充实自己，就像我们每天以营养的食物充实自己一样：我们要让它成为我们日常饮食的一部分。

我们要使这种思考和想象的方式，变成一种习惯——反复不断地想象自己的成功，宽恕自己的失败——相信自己是一个有伟业、有价值的人，相信自己可以为自己感到骄傲，这样就可以走出内心的孤独，回到家人的世界——我们原来就属于这个世界的。

悲伤会产生孤独。有一句希腊古谚说："在所有人类共有的疾病中，悲伤是最严重的一种。"世界上没有一个人可以逃避它。它能使某些人变得温柔慈祥，它能使另一些人（也许不够坚强）变得冷漠地钻进保护性的盔甲之中。

布里斯托尔的父亲的惨死让他陷入极度悲伤之中。最后，他终于战胜了自己，不再与别人隔离，而返回了亲人的世界。

痛苦加之于人类时，人的身体和心灵可以忍受到某种程度，再下去就不行了。这是一种适应，心灵必须为逝去的亲人哀伤，但到了一定时候必须停止哀伤，恢复人生的正常状态。因为，永无止境的哀伤，会变成一种自毁的力量，就像屋顶有了一个漏洞一样，必须加以修复；否则的话，小洞不补，大洞吃苦，那将是后患无穷。

念念不忘痛苦，会造成与他人的疏离，结果是孤单寂寞。

莎士比亚认为，每个人都可以控制悲哀——除了身逢其变的人之外。尽管如此，你仍必须节哀顺变。只要假以时日，时间自会帮助你；但需要记住的是，你最后必须脱离悲伤，返回日常的现实生活中，以免内在的创伤无法治愈。如果到了内伤无法治疗的程度，那便会成为一种可怕的疾患——比胃溃疡还要糟糕——使你越陷越深，陷身在不能自拔的自私之中，导致孤单寂寞。那时，你会追求一种虚幻的快乐，沉迷在哀伤之中，落入约翰生博士所说"忧伤可以变成懒散的一个分支"的话里。

记住英国政治家狄斯累利所说的一句话也许很有益处。他说："悲伤是一时的沉痛，沉溺于哀伤会造成终身的大错。"

当生活变得愁闷难受的时候，当警报把你推向难解的问题和无限的烦恼时，你会渴想去逃避看来令人难以忍受的现实，这是非常自然的事情。于是，我们开始做白日梦，想到某个阳光和煦的乐土——也许会在某种广告、某种邮卡或某本书中看到过它——并希望自己能够身

逢其境。或者，你的心灵到达了那个地方。

患了这种"怀旧病"的人，会使自己脱离对他人极为重要的生活——为了今天的生活而生活的生活、每一天都有一些特殊之处的生活——虽然有时会有不如意。他对"过去的大好时光"怀念得越厉害，他对那些日子构想得越虚幻。如果这种习惯变成一种固定的模式，他的思想可能就会常常虚妄不实。他感到孤单寂寞，因为他的这种想法已经使他脱离了他的同伴。

治疗此种"怀旧病"的办法是"怀新热"。这种"怀新热"是一种积极创造的思想：所思想的不是过去，而是现在和未来。它是一种自我改善的渴望——为了今天和明天——并使它成为一种习惯。你必须对自己有更深的认识，以便做你自己更好的朋友，作为自我改善的一部分。这种"怀新热"是一种渴望，渴望知道是活在"现在"，而不是活在多年以前；它是一种热切的渴求，渴求避开失败机运的陷阱，发动成功契机，以便使自己每天的日子过得更丰富；它是一种决心，决心使自己的日子过得更积极，充满与他人共处时的美好感觉和趣味。

因为，所谓孤独之感，就是你跟自己同胞兄弟分离的一种恐怖的感觉。

这是一种可怕的感觉，跟痛苦的感觉不相上下。

布里斯托尔相信，怕死的人之所以怕死，因为他们以为死亡就是跟他人完全分离而不认为是自然程序的一种持续，不认为是返回大众或作为自然程序的一部分。

他们所怕的不是死亡，而是分离和永远的孤独。

不怕死的人，可以过着丰富的生活。他们生平与别人密切相处，因此，对他们来说，分离和孤独只是小的挫折而已，是不足畏惧的事。

上前线打仗的人——拿着枪和手榴弹向敌人进攻的步兵在跟他的战友前进时，可以感到一种生死与共的战友之爱，使他能够克服死亡的恐惧而勇往直前。当然，他很害怕，但他的害怕，比起没有朋友可以交谈而心灵空虚的人，比起没有实际危险但很孤独，又不敢在光天化日之下出去与人相处的人，会更可怕吗？

步兵的命运虽然相当恐怖，但他至少知道他在尽力而为；知道他在面对现实；知道他的朋友会尽可能地去帮助他。而孤独的人呢，却不敢面对现实，没有一个朋友在危难时帮助他，这些人要想进入人生的佳境，途径只有一个，即利用自己的信念去征服孤寂之苦，培养乐观的生活态度，竭诚欢迎心灵的

好友。

欢迎心灵的好友

我们的思想，能随我们的心愿而变，时而愉快，时而恐怖。

人们情愿让盗贼来偷窃自己的家，劫夺自己的金钱，绝不允许那快乐和幸福的仇敌——不和谐的思想、病弱的思想、恐惧的思想、妒忌的思想——进入自己的心灵，劫夺自己的快乐和幸福。

主宰人们思想的，都是心灵。有了思想，然后才有事实。那心灵上的意象，深深地刻画在人们的生活中、品格上。整个身体上的组织，就是时刻在那里把许多意念变成生活。

一个人的思想，很显著地在他的面容上表现出来。当一个人一时感到极大的忧虑、失望，或是经济上受到大量损失以后，不出几天，在他的面容上，将有惊人的改变，甚至连他的朋友遇见了他，也难以辨认。

一生的价值，在于我们能否保持身心的和谐，能否驱逐破坏我们心境的仇敌。

众所周知，乐观的思想会使人健康而且还会使人返老还童，使人兴奋。它好似电力一般，能使全身都感受到，能给予人们新的希望。

在一个人的思想里，若是充满着困难、恐惧、怀疑、绝望、忧虑，整个生活就要受到很大的影响。若能抱着乐观的态度，那么蒙蔽心灵的种种阴霾，就可驱逐尽了。

一个保持正确思想的人，能用希望来代替绝望，用刚毅来代替胆怯，用决断来代替犹豫。一个能用友爱的思想、乐观的思想，来击败妨碍他成功的仇敌的人，比那些沮丧、失望、犹豫的人，有着极大的长处！

不论做什么，都不要让病弱、不和谐的思想，进入自己的大脑里。

倘使人人都像孩子们一样，没有一点创伤、裂痕，保持着天真、快乐的思想，那么就可以免除外界对身体的损坏。许多例子证明，在数小时中因忧虑悲伤所耗的精力，竟多于几个星期做苦工所费的精力！

要免除思想的仇敌，必须持久地努力。做任何事情，如果不费力，不下决心，就不能成功，何况那深藏在思想里的仇敌呢？

乐观会驱逐潜伏在脑海中的仇恨、妒忌思想，愉快会驱逐失望，希望会驱逐沮丧。每个人都要让爱的阳光，充满自己的思想，这样，一切仇恨妒忌的思想，都会烟消云散，因为这许多黑暗的影子，不能存在于爱的阳光里。

不要让思想的仇敌，侵入自己

的脑海里。要这样对自己说："每一个仇恨、凶暴、沮丧、自私的思想，进入脑海，都会夺去我的快乐，减弱我的才能，阻挡我前进。我必须立刻用相反的思想，来把它们驱逐。"

脑海中充满着美好的思想、高尚的思想、友爱的思想、真实的思想、和谐的思想，那一切不良的思想，自然都会消失。在同一个时候，不会有两个相对抗思想，并存在一个人的脑海中。真实的思想能消灭错误的思想；和谐的能消灭不和谐的；善的能消灭恶的。

待他人以亲爱、温柔、仁慈、和气，会激发人的情感，给人以健康，使人与自然相协调。

孩提时赤着脚在乡间行走，会小心翼翼地不去踏在尖锐的石子上，以免擦伤自己的脚底。要驱除那仇恨、妒忌、自私等心灵上的仇敌，只要去竭诚欢迎心灵上的好友即可。

将你的心灵晾晒在阳光下

"我最迫切的需要——其实也是所有欲望的总和——就是获得内心的平静。我希望眼中所见到的目标只有一个，一颗单纯的心，生命中有一个中心主体，能够使我尽力履行好这些义务。事实上，我希望——借用圣徒所说的话——生活在'上帝的恩典'中。我在这儿使用'恩典'一词，并不是纯就神学观点而言。我所说的'上帝的恩典'就是指内心的和谐，基本上是属于精神上的，并可以转变成为外在的和谐。"

这些美丽的词句摘录自安妮·莫洛·林白所写的《大海的礼物》，它们显示，作者深深了解任何个人在追求幸福时的基本概念——"内在的和谐"具有十分重要的意义。

在《意志的平安》一书中，作者莱伯曼表达了相似的看法：

"缓慢地、痛苦地，我已经学会了意志上的和平。'内在的和谐'，可能把一栋小茅屋变成了豪华巨厦；若是缺少了它，却能把一栋豪门大宅变成一栋监狱。

"对于这种的心境平和的追求是永远不间断的，而且是全球性的。只要深入调查佛祖、回教先知或耶稣基督的教诲就发现，他们的教义虽然各异，却都建立在一个要求精神宁静的共同基础上。如果我们分析每个时代，各行各业那些苦恼不堪的人的祝祈词将会发现他们的要求不外是求取每日的温饱以及内心的平静。成熟的人并不祈求浮华的琐事，当他们在眼泪中开放心怀以及提高声音时，他们祈求上帝赐给他们勇气、力量以及谅解。"

莱伯曼在这些真诚感人的文字

中，强调"内心平静"的重要性——这是值得任何人终身追求的目标。获得这种美德的人，已经发现了幸福之钥。

如何才能够找到这种内心的平静？这要看你自己——以及你的自我心像。如果你怨恨自己，那么你的思想将以赛车般的高速从脑海中呼啸而过，甚至无法知道自己在想什么，你将欺骗自己、逃避自己，不停地逃避，永远不得休息，也无法平静。

如果你能接受自己现在的情况，接受你自己所有的缺点，你已经置身在通往宁静以及幸福的道路之上了。

如果你能看出自己的优点，如果你对自己的概念不曾是因为暂时的失败而动摇，你已经达到只有幸运儿才能达到的伟大目标。

你对自己的这种印象相当有力，远胜过字典中的任何单词。如果你把自己看做一位成功者，一个优秀的人，那就要忘掉自己的缺点，但不逃避现实，那么你的自我信念将拥有强大的力量——会为你带来心情的宁静。

布里斯托尔已经提供你一些建议，可以协助你达成内心的平静，这些建议效果很好，希望你能运用智慧试试看。但是归根究底，为你带来真正的心灵平静，还是你的自我信念的力量。

找回真正的自己

信念的第一个作用就是让你找回真正的自己。

对自己的美貌感到骄傲的女人往往戴上冷漠的面具，以掩饰她渴望受宠的需求。

认为自己失败的男子，可能戴上自夸的面具，令人厌烦地大谈他的成功历史。

渴望早点嫁人的女孩子，却偏偏假装她从未想结婚这件事。

这只是众人所戴的众多面具中的少数几个。有时它们能保护你，使你不会受到责难，但它们却也让你和诚实的人隔离。

某些人因为只凭外表而错估了其他人，因而退回一种防御性的甲壳中，同时以高度的掩饰来欺骗他人。

一些外表看来完美的人却往往会吓坏别人。他们显得如此宁静安详，他们的外表完美无缺，并把感觉隐藏得很好。由于他们表现出超凡的完美，因此引起其他人的自卑。人们往往会觉得与之相比，自己真是无用。

不要让这些伪装吓坏了你。你要看出他们的真面目，他们也是凡人，只为了保护他们自己，所以才

把人类缺点掩饰起来。因此当你看到某人经常表现出完美的模样时，要模仿他。只要你维持纯真的自我，保留你所有的人类弱点，那就大大胜过了那些必须掩饰自己真面目来应付生活压力的人。

想要保持真面目，并不是一件容易的事情，因为如此一来，你的弱点将因暴露而易受攻击。这个社会里有很多"恶霸"，他们企图以牺牲别人来满足自己的虚荣。

然而，在某些情况下，毫无掩饰地保持真面目，是一种很不聪明的做法。如果你为所欲为、不遵从习俗，将会因此而丢掉工作；还有在一些严密控制的社会组织中，将遭遇重大的挫折。你当然有这种常识：在庄严的结婚典礼中抑制你的大笑，即使你的笑声是友善的也不能放声大笑。

不过有很多人却在不需要如此压抑的情况下，仍然隐藏起他们的真实面目。这有点像以一个"莫须有"的罪名把你自己关进监狱里。

某些人甚至害怕表现他们的真面目，他们尽量不使自己"与众不同"。然而每个人都与众不同，人人应该为此而高兴才对。这使生活有了意义，人毕竟不只是机器。然而某些人却宁愿向现实低头，像机器人一般生活，尽量避免可能出现的批评。

这是一种很可怕的牺牲。别有用心的批语固然令人不好受，只要你对自己有信心，你就可以忍受这些批语，如果有人想要欺侮你，你也可以给他一个教训。

你能够保持你的真面目，而且也应该这样做；因为生活有时候会给你很多机会，而且不会对你惩罚或放逐。有时甚至因为诚实及保持个性而受到重大的奖励与鼓舞。

摘下虚伪面具的方法

一切显得十分混乱，但这是一场尽情欢乐的游戏，每个人都饮着不知名的饮料，谈天说笑，暂时把个人的问题抛在一边，愉快地享受。

就象征性的意义来说，这一幕正是生活的写照，因为大多数人几乎每天都戴着面具。你看不到他们，但他们就在你面前。我们真实生活的面具是悲哀的，而化装舞会却是有趣的。然而二者都有一个同样的目的：那就是隐藏你的真面目。因为你无法接受你的真面目，所以你要把它隐藏起来，以避开这个充满威胁的世界。

许多人终生过着这种化装舞会式的生活，他们戴上各种面具，希望避开他人的责难。他们把真实的自我深藏在面具之后，把它当做令自己害怕的黑暗秘密。

有些人终其一生始终隐藏着自己的真实面目，他们脸上所戴的面具，使自己远离了真实的生活，这是一种不完美而又杂乱无章的施与受的关系。

面具是必要的吗？

在很多世纪以前，我们的祖先是野人。他们之中的两个人在地上寻找食物，结果在一处空地上，两个人面对面地碰上了，两人怒目相视，龇牙咧嘴地怒吼，最后大打出手。其后失败者可能感到害怕，甚至大哭起来；而胜者原来的忧虑将会消失，代之以成功的笑容。当这两人将来再见面时，被打败后的一方将会露出害怕、甚至胆怯的眼神，而胜利者将会露出充满自信的神情。

在目前这个文明社会中，我们也都在扮演胜利者与失败者的角色，而且情形更悲惨。我们大多数人都知道成功与失败的滋味，而且生活也有高潮与低潮的差别。

我们小时候跟我们的祖先一样，都是原始人。如果一个3岁的小男孩跌倒了，擦伤了膝盖，他会痛得号啕大哭。如果一个5岁的小女孩得到一件漂亮的生日礼物，她会发出满意的尖叫声，并且高兴地拍手欢呼。大多数的小孩子都会公开表达他们的感觉。

等到我们长大以后，就学会戴上面具，隐藏自己真正的感觉或修

正这些感受，这是文明进化过程的一部分。既然我们生活在一个必须讲求忍耐的社会中，就必须停止对他人肉体上的攻击。我们有时必须控制自己的情绪和冲动，除了自己的利益外，还要考虑别人的利益。

在某些情况中，我们一定要掩饰自己的真实感觉。例如你很讨厌你的老板，但你却需要从这项工作中赚钱来养家糊口——为了生存，你必须掩饰对老板的不快。你不应该在不必要时也戴上了面具，这就太虚伪了，它将抑制、削弱你的自我信念，并使你陷入困惑之中。

我们所戴的面具太多了。

弱者往往戴上禁欲的面具，以掩饰他们容易受伤的弱点。

那么怎样才能除去人们的面具呢？

1. 忘掉你的错误。我们都做过令自己后悔的事情，但既然已经做了，已无法挽回，因此不要责备自己，不要折磨自己。

2. 原谅他人。他们都跟你一样，很容易犯错。他们既不是神，也不是机器——他们只是"人"。

3. 想象你最好的一面。想象你自己正处于成功之中，一切都很顺利，凡事皆能如意。记住你自己的感觉，重新捕捉美好的感受，想象它五彩缤纷、闪耀光辉，虽然它会使你吃惊，但不要因害怕而不敢把

握这种荣耀的感受。让这些愉快的影像活跃在你脑中，同时排斥你的失败心像与颓废想法，去补充你成功的思想。

你可以用上面这些方法治疗你的情感创伤，加强你的信念。人能够在世上走一遭不容易，那么就请谨记："人啊，不要糟蹋自己的心。"挥起信念的长矛，摘下面具，真正地生活一次！

用信心创造快乐的生活

你小时候有没有一间特别喜欢的房间，当你不快乐时，就躲到房间去？也许这个房间十分舒适，有软绵绵的沙发、厚厚的地毯，以及你最珍惜的玩具。

这正是人人都需要的——在自己的脑海中有一间舒适的房间——一处庇护所，当生活的压力压得你喘不过气时，你可以躲到这间房间，静静抚平伤口。在脑海中这个安静、隐秘的角落里，你可以摆脱生活忙碌的步伐，以获得休息、恢复精神，为将来的日子储备精力。在这个小小的心灵角落里，你可以静静独处，接受你自己的不安全感，重新描绘出你最珍惜的记忆，订下你未来的目标，幻想出一个充满生命力、信心与希望的将来——没有怨恨，也没有忧虑。

如同你在前面所练习过的：你可以在脑海中建立一个舞台，幻想在这个舞台上演出真实生活的戏剧，可以帮助你创造一种自我心像——坚强到足以允许你去过着美好生活的自我心像。

小时候都知道大人每星期都要工作60、70或80个小时，这种情形在当时十分普遍。今天，大多数美国人每周只工作35或40小时，星期六全天放假，每年至少还有两周假期。

即使如此，许多人还是觉得今天的生活十分紧张，因为，他们可以感受到沉重的生活压力。然而事实的真相是，每周工作时数的长短和个人放松的能力没有太大的关系。

重要的是，你要过着有意义的假期，而且要每天度假。不是每隔多久休假一次，而是每天休假，每天躲到脑中僻静的角落里，让自己获得自由。

长久以来，鸟儿就是自由的象征，人们十分羡慕它们能够摆脱世俗的束缚，自由自在地在天空飞翔。

在你脑中这个宁静的角落里，你的想象力可以自由飞翔，因而可以获得如飞鸟般的自由感觉。你可以暂时逃避文明的桎梏，重新肯定你的信心，并且带着更多的活力回到现实生活中。

你也可以过着这种美好的假期，

只要你的想象力是你的朋友，只要你的自我心像十分正常，允许你享受这种豪华假期。在你阅读这本书时，你要不断地磨砺这些潜在的工具，这样就能每天过着一个美好的假日——不必花费一分钱。

这些让你放松的工具，并不是要你作为偷懒的借口，在理想上，它们将使你更有效地发挥效率，不要成为"玛尼亚纳无限组织"的一分子。

什么是"玛尼亚纳无限组织"？"玛尼亚纳"是西班牙语，意思是指"明天"，"玛尼亚纳无限组织"就是把一切事情留到明天再做的一个组织，这是世界上最大的一个组织，它的会员人数多过世界上任何宗教、政治、哲学或工商组织。要想加入这个组织，一定要培养出这个缺点：把一切事情拖到"明天"再说。数以百万计的人像奴隶似的按照这个失败的蓝图行事。然而"终身大学"里并不开授这门课，因为它是人类的本能之一，用不着学习。

但这并不表示你不应该学习休闲的艺术，休闲和拖延是完全不同的两回事。懒人没有休闲可言，因为休闲是工作的酬劳，专门用以滋养个人的肉体与精神，以便使人能应付明天的挑战。哲学家兼作家梭罗说："真正懂得休闲的人，将有时间去改善灵魂的地位。"把事情拖延到明天的人，将没有时间去改善任何事情。

"玛尼亚纳无限组织"信奉一种消极的失败哲学，因为谁也不能够事先知道明天的事。如果认为明天将是一个无忧虑的理想国，那是胡思乱想。不过你倒可以建设性地建设一间屋子，盛载一切，还应该有一座花园，在疲惫与悲伤中，推开后门，去看看清风明月，行云流水，园子里栽满了智慧树，开的是自在花，搭的是逍遥桥，流的是忘忧泉。

第七章 寄语女人们——善用信心

> "天堂中最大的狂暴就是爱转变成恨，而地狱中最大的狂暴是女人被轻蔑"。一旦女人了解了信心的魔力，她们就会发现她们几乎能扭转乾坤。女人们联合起来运用信心，那么，人类可能就不会再有战争了。
>
> ——宾汉·兰普曼
>
> 成功来自我们对成功的信念。珍视你的梦幻与憧憬吧，因为它是你心灵的结晶，是你成功的蓝图。
>
> ——摘自《创造人生奇迹》

布里斯托尔曾经说过，成功与性别无关，女人更是利用信念创造奇迹的高手。

东方大诗人泰戈尔说："天空没有留下我的痕迹，但我已经飞过。"女人，一定要有高飞的信念，传统社会在女人的头脑里，放进了太多"软弱"的思想，这使得女人易于受操纵，也让那些想要改变的女人受尽挫折与挑战，本章将帮助女人们觉察到自己内在丰富的生命资源——信心，真正去体会生命的存在，踏上成长的高飞旅途。

女性想要成长的障碍是什么？这些障碍是如何造成的？它们又是如何不利于女性追求目标的实现？女性在障碍的形成中，扮演什么角色？本章倡导的"女性的新生活运动"有助于女性唤醒体内的信心巨人以摆脱不合理的束缚和错误的认命观念，能真正感觉到"自我"的存在，真正地拥抱自己、爱自己！

信心会让她们成为一个好女人——

一个爱好打扮，但又不过分讲究虚荣的女人。

一个性格温柔而又富有见解，但又绝不将自己的看法强加于人的女人。

一个热情活泼而又不显得轻佻

的女人。

一个多多少少带点艺术幻想，但又不脱离现实生活的女人。

一个七分聪明，三分"傻气"的女人。

一个思想开朗，从不斤斤计较而又喜欢微笑的女人。

一个既不拿感情做游戏，又不是那种"正经"到了苛刻的地步的女人。

一个在感情方面的直觉和表现皆十分细腻而又不至于落入虚幻的想入非非中去的女人。

一个在心理上和生理上都很健康，同时具有一定的持家能力和工作能力的、具有长盛不衰的生活热情的女人。

放自己单飞的女人

现代女性都在追求自我的成长，而且也真的成长了。

仅与她们的母亲和祖母相比，现代女性就不知拥有了多少的空间与自由。女人拥有了平等的受教育的机会，更拥有了一份难能可贵的自主权。她们的经济已经开始独立起来，并且正在学习精神上的独立。在事业上，只要她有抱负、有才华、肯努力，许许多多过去专属于男性的工作领域，也有女性缔造佳绩。

是的，妇女解放运动，的确有助于女人成为自己梦寐以求的女人！

但是，这种情况真如表面上那么令人鼓舞吗？如果我们让一些统计数字来说话的话，我们将会为这点升平假象沉默下来。

根据联合国统计，占世界 1/2 人口的妇女，她们的工作时数占全人类的 2/3，所获得的报酬只有 1/10。至于她们所拥有的财产，则更不成比例，竟只有 1% 而已。谈到工作，在职场上获高职、高薪者，全世界的先进国家中，女性不过仅占 3% 而已。

因此，我们不禁要提出质疑，到底何处出了差错？

我们终于发现，女性接受教育应该不仅仅是拿到文凭而已，而是在于她究竟在学校学到了什么。还有一个怪现象就是女性总是停滞在所谓的"女性科系"之中！

女性从小到大，从家庭、学校、社会，以及各种传播媒体中得到的信息，却是教育她们自轻。这便是为什么现代女性即使拥有高学历、好成绩，但是却低抱负、小成就的症结所在了！

与男性相比较，我们发现女性从小便缺乏和男孩子一般的自我期许，进取心和企图心都远较男性模糊而不明确。在做个人一生的规划时，不是缺乏目标，便是目标失当。

在现代社会里，过去女强人式

的一味追求事业成功，不惜抹杀其他人生价值的做法，早已失去对现代女性的吸引力，而不足为法了。现代女性不但追求事业成功，同时也要拥有幸福快乐的生活。她们非常清楚，光是拥有事业还不够，爱人和为人所爱，在生活中也一样重要。

过去那些有成就的女子多属单身、离异、无子女、无情人的情况，这种情况将不会重演。换句话说，现代女性所追求的成功，是全面的成功。

妇女运动，首先为女性敲开了事业的大门，带来独立。接下来的，将会让她们得到平衡，获得圆满幸福的爱情和婚姻。

智慧，可以说就是人生经验的综合结果。所谓的智慧，是你应当明确哪些是自己最值得知道的事，并且去做那些最值得去做的事。因此一个人不宜迷恋过去，盼望将来，但却漠视现在。学习排除一切权威，寻求内在领导，才能感受到真正的心灵体验，将日常生活与超凡境界结合。

女人软弱，因此更需要智慧。在寻求成长的道路上，布里斯托尔希望所有的女性朋友们都应共进共勉，并记住：拥有智慧，才能征服命运。

在人生的路上单飞，就某个角度而言，仿佛是到了生命的穷尽处，眼前尽是荒凉和绝望；但是，生命的可贵便是在于"脱困"这两个字所散发出的体验和不舍。

一帆风顺的生命，固然可喜，却少了可玩味、可提升生命层次的体验和追求。就像小学生写作文时，老师批了"通畅"两个字一样，意味着字句合乎文法，但是了无新意和趣味，当然更缺乏"坐看云起时"的无穷回味。

生命在"行到水穷处"时的体验，是使生命更丰富，甚至更多彩多姿的素材。而面对生命的绝望和荒凉时的不舍，是对生命的尊重，更是重生的契机。这样的重生，才是真的能够千山独行而不惧，自在走一回。

有磨炼和体验的生命，才是坚强而丰富的生命。世人聚聚散散，世事来来去去，舍所当舍，才是宽广。

不论现在是已婚或未婚，每个女人都要磨炼自己，成为一个不怕单飞的女人，这是成长，更是自在。

希望天下女人共同努力，放自己去单飞！

地狱中最大的狂暴是女人被轻蔑

在布里斯托尔想到要写这本书

时，他时常想到很多使用信念的力量而成功的名女人。有一次在跟全国知名的作家及自然学家宾汉·兰普曼讨论时，他建议布里斯托尔要特别谈谈女人怎么使用信念的力量。兰普曼说：

"很多女人可能不知道，她们能用上你的这门学问，并且像男人一样获益匪浅，但是，你得明确地提供给她们一点参考资料。一旦她们了解了，并且用上你所提供的资料，她们就会发现她们似乎能扭转乾坤了。如果世界各地的女人联合起来使用这门学问，那么未来人类可能就不会有战争了。"

"女人是绝对的自我主义者——如果她们想到自己可以做一件什么事，而且这个想法又完全深植于她们的意识之中，那么，她们就会努力不懈以达到目的。你知道有一句古老的格言说'女的比男的更拼命'，这是真的，而一旦女人了解她们的力量——你可以给她们暗示——什么事也拦不住她们。如果她们有强烈渴望的话，她们实际上可以统治这个古老的世界。'天堂中最大的狂暴就是爱转变成恨，而地狱中最大的狂暴是女人被轻蔑。'一旦她们被激发，并且了解她们所能做的事情，就没有什么障碍可以阻止她们。女人都多才多艺而且比较容易适应。虽然拿破仑说男人创造

了环境，但大部分的男人是环境下的牺牲者，而女人由于思想性质不同于男人，所以使得环境有助于她们。"

后来布里斯托尔读到一个女人所写的一篇文章，抱怨美国女人"无法突破"，于是他想到，如果今日的女人"无法突破"，那要归咎于她们自己。她们唯一该做的事是学习在她们之前已经"突破"的前辈们。

女人要勇于寻找自己的天堂

布里斯托尔认为今日的女人有办法得到她们想要的一切东西。机会确确实实在她们四周等着。事实上，历史上从来没有一个时代像今日这样，整个世界都为女人开放。在过去为男人独霸的领域中，现在没有几个领域没有女人参与了。今日，女人意识到她们的新机会和社会责任，所以在从事科学、艺术、新闻、宣传、政治以及其他各个行业的工作时，都有杰出的表现，充分发挥了她们的才智。

毫无疑问，这一切要归功于现代女性接受了和男性相同的教育，结果她们不但熟悉以前被认为专属于男性的问题，并且她们的心智也不断地发展，就某一方面而言，布里斯托尔认为现在要女性留心使用

潜意识的重要性和益处，可能是多余的，因为她们已经在用着呢。事实上，女人是使用潜意识的专家——只是她们经常以为潜意识是"女人的直觉"。潜意识不光是直觉，它具有伟大的力量，不仅可以为男人的利益，也可以为女人的利益而发挥作用，只要你应用强烈的信念的力量。在前面几章布里斯托尔已经指出：意识借着信念把"做的意志"传达给潜意识，潜意识立即发生作用，产生奇妙的结果，实现个人的欲望。

现代的女人有一个独特的优势，可以说是一种双重的精神优势：女人熟练地使用自己的潜意识（这是女性的物质），使她们的潜意识有着高度发达，一向都是她们无意识的（虽然是直觉的）向导；而现在，在她们的潜意识之上，又加上她们受现代教育训练而特别发达了的意识。这两者一结合，使女性迅速精通了很多过去男性的"专长"。这两者的结合不仅使女人从传统的家庭生活中走出来，并且也使她们走进一个观点扩大后更客观，并更充满智慧的精神世界。

布里斯托尔指出每个人都能发挥自己的积极力量，而这力量的来源是在他自己的潜意识里。这些积极力量将使你得到你所要的东西，达到你预想的情况。借着意识和潜意识的合作，你可以获得深信对自己的生活与幸福必要的东西，并且可以使你感觉到不论你活了多久，你个人都还在成长发展，简言之，你经常都在进步中。

牢牢记住：潜意识除了是直觉的中心外，也是伟大能量的贮藏库，并且具有永不枯竭的资源。你越汲取这些资源，就有越多的资源可供你使用。你还要记住：潜意识是没有年龄的，它永不会衰老，永不会疲惫，你可以终生汲取它。你唯一需要的就是信念的力量——真诚、强烈、完全的信念。一旦潜意识接收你的信息，了解你的欲望和抱负，你的欲望在短时间内就会实现，你的抱负就会达成。此书谈到很多男人因为用这门学问而成功，但布里斯托尔要让女读者也了解，她们同样有两种心灵——意识和潜意识，通过这两种心灵，她们也能够像男人一样成功，关键全在于信念与两种心灵的合作。自信念而生的魔力是真实的，因为这种魔力在一些最成功的人物身上得到了证明。它能够在你的生活中得到证明——借着你个人的信念。

切除观念之"癌"

有一个被囚禁多年的犯人，他一直不知道监狱的门并未被锁住。

他要逃出监狱原是轻而易举的事情，但是由于坚信门一定是被锁紧的，他是不可能走出去的，于是，他在可以随时打开的门内被囚禁了许多年。真正锁住他的不是有形的门，而是无形的观念！

女人可以走出两性的刻板角色、僵化的双重标准及许许多多的女性思维误区，从而使自己成为自信、独立、自重的人。只要女人开始检查且觉察到自己的观念之"癌"，并加以改变、切除，就可以获得真正的"自由"，做一个顶天立地的女人。

要克服人生之苦的最好方法就是懂得破除习惯，懂得接受改变。

改变，的确是成长的开始。女人们要破除的不仅是生活上的习惯，也是思考的习惯，应使自己有更宽广的视野，由新角度来思考、观察，建立新的生活习惯、新的行为模式。

改变，会使女人们发现新的可能性，僵硬不变的观念就像囚牢一样，将生命限制在狭窄的范围内，难以发展。

对于可改变的，女人往往不改变；对于无可改变的，却偏偏渴望改变。生命的苦常常是由于既没有勇气去改变，也没有勇气去接受无可改变。

露西·葛雷利在9岁时就得了骨癌，当时她活下去的机会只有

5%。她以5年的时间，勇敢地与癌细胞搏斗，历经多次手术的折磨，终于战胜了癌细胞。但是，由于癌细胞的影响及多次手术，在她的脸上留下了许多可怕的疤痕，使她的脸扭曲变形，十分丑陋。

露西再度鼓起勇气，经历了30次左右的整形手术，前后又耗费了18年的时间，才有一张不至于太吓人的面孔。这种缺陷使她的悲伤和痛苦持续了20多年。直到她改变了自己的观点，才从这种痛苦中解放出来。她领悟到真正需要矫正改变的不是她的脸，而是对她自己的看法。

她开始以不同的观点来看待自己那张依然不好看的脸。在她终于能"接受自己"时，她领悟到了生命的价值不是只由美丑来判断，她不需要再耗费精力、时间在思考自己美丑这个毫无意义的问题上。

露西意识到尘世间本来就没有完美的事物，她有其他方面的才华可以发挥。这种新观点，不但使她抚平了累积多年的痛苦，还为她带来了生命展开新一页的喜悦。

露西耗费了5年与身体上的癌搏斗，却耗费了20年才能克服观念之"癌"。

"改变"，看似简单的两个字，却是如此艰苦漫长的历程。人们跋山涉水，历尽辛苦去向外追求快乐、

价值或满足，却未领悟到这一切的获得是要从拥抱自己开始，从改变对于自己的看法开始。

一个人如果成了"亡国奴"任人摆布，即使他的"主人"让他过好日子，他也不可能感到幸福快乐。

不希望沦为"亡国奴"，就要自立自强，对自己的"领土"负责，加强自己的力量，永远由自己来做"指挥官"。

女人失去了自己的"领土指挥权"已经很久了。她们允许别人进入她们的生命中，来做她们的"指挥官"。这些人可能是她们的父母、老师、丈夫、孩子、偶像明星或是任何她们认为比自己更强大有力的人。女人由于传统力量的强大，从小就被教导要交出自己的"指挥权"给自己的父亲、丈夫、儿子。

在亲情或爱情的遮掩下，女人并未察觉自己丧失了主权。不仅如此，女人甚至认为交出自己的"指挥权"是天经地义的事。于是，她们会拼命地到处寻找自己的新主人，好使自己能成为一个"快乐的"却没有自我控制权的人。

快乐如果由别人来供应，是很不"安全的"。供应者随时可能在主动或被动的状况下，不再提供。

快乐的来源虽然有很多——生理的、心理的、感情的，但女人如果不能做自己的"指挥官"，那些快乐就不会接触到她们的内心。她们仍会觉得寂寞悲哀。因为一个没有"指挥官"坐镇的"国家"，是"不安全"的，是脆弱的，也是空虚的。

快乐或安全感都不在"外面"，而是在每个人的"内在"世界里。

"自我"关系是其他各种"人际"关系的基础。一个要求凡事都要完美的人，他也倾向于用完美的标准去要求别人，这必然会影响他的人际关系。而一个真正爱自己的人，才有能力去真正地爱别人。

自我意识在每个人的生命中都扮演着最重要的角色。它既是痛苦的来源，也是快乐的出产地；它既可以是监狱，也可以是飞向自由的翅膀；它既可以使我们成为他人的"奴隶"，也可以使我们成为自己的"主人"。

由此可见，切除自我意识中的"毒瘤"，就是"新生活"的开始。

现在起，专心"看"自己

女人在社会文化的长期熏陶下，变得十分"伟大"。她们总是先满足别人，再想到自己。如果周围有人不满意，她们就有罪恶感；有人不快乐，她们就觉得自己有错。她们习惯于用"自我归因"的观念，来否定自己的付出、努力和优点。

为他人服务，甚至牺牲奉献，

的确是使人佩服的情操。但是爱护自己、照顾自己、尊重自己，更是作为人的基本责任。爱人与爱己并不是对立的观点。事实上，这两者是一体的两面。爱自己越多的人，内心的"爱力"就越强，才能付出越多的爱给他人。

自尊、自爱是一种内心的力量。这种力量不仅给她们勇气去面对生命的挫折、痛苦，也给她们动力去开采内心潜能和"爱力"。

要建立自尊、自爱，就必须做自己生命的"指挥官"。当女人们决定成为自己的"主人"时，就能让自己改变。

借着改变不但有助于解决使自己困扰痛苦的问题，更会带来良好的自我感觉。这个感觉再回馈给女人们的自尊、自爱，使她们更能自我接纳、自我肯定。这种和谐的情感，会使她们更具人性，而一个有人性的女人，会去危害社会，或者不择手段来达到自己的目的吗？

反之，一个疏于照顾自己、不重视自己的人，她是处于自我贬低和自我否定的情境中。她对自己的感觉很不好，她的需要无法获得满足，她生活在渴望的痛苦、沮丧和挫折中，这样的生命不但是停滞而无法发展的，而且会引起生理上的疾病。

表面上看，她们是"牺牲小我"，成全了他人，其实是她们懒于照顾自己，不敢为自己负责，也不愿意去倾听自己内心的声音，更误以为她们是别无选择，难以改变的。

如果女人们觉得没有选择自由、没有尊严、无法满足以及自我贬抑的感觉并不好受，那么为什么不改变自己呢？

女人们要改变，就得将精力、时间都先放在自己身上，找出应该切除的"毒瘤"。因此，现在起，就要专"看"自己。"看"得越清楚，改变的效果越大，不但可以越早解决使她们痛苦的问题，更能使她们获得成长。

把希望寄托在自己身上

布里斯托尔特意强调女人为了自身特别的需要，更要学习培养信念这门学问。这是很重要的。他举出了许多例子，说明过去和现在的女人如何使用这门学问而得到很大的效益。要知道，女人觉醒过来后，会在世界的事务上扮演比以前更重要的角色。

事实上，今日美国的女性有极大的潜力，她们可以做任何她们想做的事（虽然她们可能不知道），因为实际上她们控制着这个国家的财富。二次大战前不久的统计显示出，在全美接近3 000亿的财富中，大约

有70%，即巨大的2100亿美元，是掌握在女人手中的。

在战争期间，全美有许多女焊接工、女铆钉工、陆军妇女部队、美国妇女预备队、海岸警备后备妇女队……她们都实际地做了从前只由男人担负的工作。对从来没有就业机会的很多单身女孩和家庭主妇而言，这些事实指明她们的潜在机会——在实际的工作中扮演一个更积极的角色。

今天，在美国，有很多杰出的女人——从伟大的教育家到银行家、实业家，更不用说无数的作家、编辑及其他行业的职业妇女。美国的很多伟大改革都是女性想出来的，如果能收集事实的话，就能够很容易证明，不仅这些伟大改革的观念源自女性，并且女性也是观念的推动力量。或许有些男读者不喜欢布里斯托尔这么说，但事实总是事实。

布里斯托尔以前是新闻记者，当然必须去了解妇女运动。几乎有40年的时间，他看到了杰出女性的力量，也感觉到她们的力量。

第一次有人建议他要强调女性和这门学问的使用，他立刻想到R·庞杜伦夫人。她积极从事妇女工作、慈善事业、童工法的制定、误入歧途少女收容所和医院的建立，促进保障妇女和儿童利益的多次立法，以及协助盲人和其他残障者的公关运动。她享誉全国达40年之久，这个纪录证明了她是很杰出的。而在她71岁高龄时，她还是跟以往一样热心，去寻找新世界来征服。

庞杜伦夫人曾为"奋发会"工作过。"奋发会"的组织中，会员有盲人、残障者，以及部分失足的男女。她计划开个店铺，以便出售会员所制的东西，她得到很多商人的支持。庞杜伦夫人告诉布里斯托尔，必要的话，她会自己掏腰包付房租，但所有的利润都要归"奋发会"。布里斯托尔置身在她起居室的群书和花香中，消磨了一个星期日的下午。一对丁字杖倚在靠近门口的角落里。(有几个月的时间，庞杜伦夫人必须使用丁字杖，但即使在她年纪这么大时，她上下车也不用别人帮忙)虽然今天她在离开家时用了拐杖，但在布里斯托尔面前，她却在房里走来走去，没有跛脚。他们详细讨论了信念的问题。庞杜伦夫人说：

"我们有过苦日子，但援助总会及时到达。"

"信念是不容置疑的。我可以拿我71年相当充实的一生经验来谈，在这一生中，我不仅养家，并且参与了你长久所熟悉的各种运动和活动。确实有什么东西——称它为一种力量，或者你喜欢的任何名称——总是在危急的时候支持我们。这种力量从来没有失灵过，我们应该相信。我回顾这些年的生活，回忆跟我交往的优秀女人，她们为改善女性和儿童的工作环境而争取立法。我体验到，这些完全相信自己的目标正确的女人，因为她们的'不屈不挠的精神'，才使得立法实现，并且让法律发挥巨大的效用。"

"一般女人没有认识到自己有惊人的力量，我对这事很感惊奇。我不称这种现象为愚蠢，因为我不承认女性愚蠢，而是她们缺乏兴趣。在跟成群女性谈话时，有一件事使我很惊奇，我发现很多女人竟然不知道这些有助于她们自己和她们孩子的伟大改革运动是由女性发起的。但是我也认为，一旦女性意识到自己的力量，她们就能对世界的永久和平作出贡献，就能使世界成为一个较美好的居住环境，女人的贡献会胜过所有知名男性斗士和所谓的促进和平的人士。所有伟大的促进运动，可以说都是由一些梦想者完成的，他们都相信他们会梦想成真。只有这样才能成功。这就像那个老故事，爬到山顶去找一件不确定的东西，从哪一边开始都一样，不断爬的人终会到达顶端。信念也是如此。我们信的是什么，这并不重要，使事情成功的'相信'以及'去完成它'。"

"我并不想苛求别人，但是我认为一般人的'信念'都没有足够的行动或推进力量做后盾。例如，有些女性的组织会通过决定，赞成或反对某件事情，她们以为这样就解决问题了。其实，除非所表达的意见真能引起有关人士的注意，不然光是决定是没有用的。"

"我一生中最伟大的经历是：服务带给我满足。我多年来发起各种运动，促成了立法，从未接受分文薪资或补助。很多人可能认为这是过分乐观的表现，但是抛在海里的面包确实会回来的。为了证明起见，我可以告诉你一件事。在经济不景气时期，我的丈夫亏损了8万美元，他生病躺在家里，由我每天到办公室拿文件以及主持日常工作。有时候看起来好像我们没有足够的钱应付急需了，但是在我们必须应付情况时，那些向庞杜伦先生借钱的人或者过期很久的账户，都会寄支票来。我们那时候有过苦日子，但援助总是及时到达，我一直没有失去信念。"

布里斯托尔注视着庞杜伦夫人，倾听着她讲话，他意识到自己面对的不是一个寻常的女性，而是一个"人类发电厂"，她有精神和决心，借着自己伟大的信念来完成伟大的事业。布里斯托尔想到，她为女性和儿童的利益而争取到立法，比全国任何一个女性组织所争取的还多。而如果所有的女性都以她这种远见

和推进力去用信念这门学问，这对世界的意义会是很大的。

女人比男人更拼命

黑人网球女将爱西亚·吉伯森写了一本书，书名为《我一直渴望功成名就》。她在书中描述了她对成功的看法：

"我一直想要出人头地。大概是为了这个原因，所以我小时候就经常离家出走，即使因此被父亲毒打一顿也不怕。这也就是我学习打网球并努力不懈的原因，其实我是最调皮的孩子，而且也最不服从网球教练的指导。"

"但我下定决心，一定要功成名就，出人头地，即使赔上生命也在所不惜。"

爱西亚求胜的意志十分强烈，因此她最后真的出人头地，成为美国最伟大的女网球明星之一。

世人会永远怀念佛罗伦斯·南丁格尔，她拯救了人的生命，并且让护士这门职业被全社会所认可和尊重。这又是一个例子，她很早就知道自己要从事什么工作，并且努力去实现自己的心愿，她天生就有照料病人的热情。在她开始她的伟大工作时，社会上甚至还不承认护士是一种职业。

她来自英格兰一个富有的家庭，但财富对这个伟大的女性却没有什么意义。开始，她在德国的佛雷内护士学校打扫走廊地板，不久，她的表现显示，她不仅能够打扫卫生，也能够包扎伤口，还能以她温慰人心的话语激起病患者的希望。虽然她也遭受到各方面的打击，但是她能够凌空观照自己的命运，放眼未来，所以阻碍对她来说并不算什么。她憎恨顽固分子，她相信所有的人都应该得到照顾，不分信仰和肤色，在她的感情被激起时，她的言辞很敏锐。

在克里米亚战争期间，英国国防部里的男性对她表示轻蔑，他们说佛罗伦斯·南丁格尔的工作必定会失败，他们勉强让这个"疯子"遂行所愿。她自费组织了一个私人的护士远征军，她带领她们到了史库塔利，即使那里负责医院事务的官员们不要一个女性来干涉他们的工作，她还是去干涉了。在这位现代护士制度创立者的领导下，女性接掌了医院的事务。在她停留于克里米亚期间，她靠钢铁一般的意志经常与石墙般的反抗力量作战。总有一方要屈服，屈服的当然是石墙。

大不列颠的一些最有力量的政治家嘲讽这个奇女子所做的工作，尽一切可能的力量，阻止她的改革。但是她的信心"充满爆炸力"，震醒了她的同胞，使得各地的人都崇拜

她。据说，她在82岁时生病时，她的护士把她安置在床上，结果佛罗伦斯·南丁格尔反而下床把她的护士安置上了床。在90岁临死前，有个朋友问她是否知道自己身在何处，她回答说："我正在看守被谋杀者的圣坛。我要为他们的正义而战。"

人们想到"殉道者"时，大多数人都会想起一些以牺牲生命、自由来拥护自己信念的男人。人们应当记住，历史上也有很多女人殉道，从被施以火刑的圣女贞德到现代为促进女权运动发展而入狱的妇女们。

卡莉·内生这个名字在较年轻的一代中可能已经变得模糊，在老一辈的人中也可能正在褪色。但在19世纪20世纪初，卡莉·内生却是伟大的女性殉道者。像很多深受一个信念主宰的人一样，卡莉·内生相信自己被赋予了"神圣"的使命，要去毁尽酒吧，于是她开始在自己所住的州——肯萨斯州——阻止酒的非法出售。内生夫人在一些支持者的帮助下，借公开抨击，使很多非法的酒吧关门。她看到这种方法效果缓慢，于是就手挥利斧，亲手砸碎人家的酒瓶、酒桶，毁了酒吧设备。她经常遭人讽刺，屡次被捕入狱，但是她完全相信自己的目标正确，所以她欣然以赴。

而休曼宁克夫人，她也是个活榜样，证明具有信念的心灵一旦付诸行动，会有多么辉煌的成果出现。她15岁时成为歌剧演唱者，为世人展现她美丽的歌喉。她在欧洲成名，但是来到美国后，心中炽燃了多年的梦才得以实现。她的心也曾多次破碎，但是纵使令人难以忍受的逆境，休曼宁克夫人总是微笑着应战。

她的大儿子在第一次大战中为德国作战而丧命，而她的其余4个儿子却在另一个战线的战壕里。听到她用美妙而具异国味的腔调，唱出美国国歌，很多人都会脱帽落泪。在一次大型的无线电转播中，她的声音为千万美国人所熟悉。她受人喜爱，她拥有一种基本的精神——大多数人天生具有这种精神，但却很少被激发出来——那就是永不低头的精神。在72岁高龄时，这位伟大的女歌者才结束了她的演唱生涯。

无论是什么种族、信仰或肤色，凡是听到玛利安·安德逊美妙的女低音的人，都免不了要深深感动和着迷。然而，很少有人知道这位大艺术家卑微的出生背景。她6岁时想要一把小提琴，当时她只知道自己到费城替人扫门梯可以赚到5美分或10美分。如果有一个女人相信自己的梦想，并且使梦想实现，那就是，玛利安·安德逊。她享誉全世界，却必须克服很多障碍和偏见，尤其是在美国。她的成功是音乐史上最富戏剧性的一页。1939年的复

活节，这个出生寒微的黑人女孩，站在华盛顿林肯纪念中心前，高歌一曲，感动了7.5万名现场观众，其中有内阁阁员、参议员、众议员，以及商界和社会上的有头有脸的人。人们阅读玛利安·安德逊的故事时，一定相信她也是靠着信念而成功的。这些成功的女性，往往比男人更拼命，怀着对理想纯洁的信仰，心无旁骛地去实现它！成功不分男女，关键在你自己如何选择，如何行动。

坚定的信念克服万难

与布里斯托尔同时代的另一位杰出的女人，会引起很多的争议，她的名字也是人尽皆知，更有一部描述她一生故事的电影在世界各地上演，她就是护士伊丽莎白·肯妮。她曾于1940年从澳大利亚引进一种治疗小儿麻痹症的方法，她在澳大利亚当护士的时候，发现了"热敷法"，把热水袋放在小儿麻痹症患者的发病部分。尽管受到很多专业人员的讥笑，肯妮还是以她不懈的坚持，甚至可以说是强制实施她的"热敷法"，让美国大众开始注意她和她的治疗法，并且借着自己的努力在米尼波里成立了"肯妮护士中心"。

只要端详肯妮护士的照片，就可以在她粗线条的五官中看到一个有力的心灵映象，她的心灵诉诸行动，并且得灵敏的口舌之助，终而帮助她迈入成功的境地。她在祖国受到各方面的排斥，只因为她表现出纯然的坚毅精神，而美国的医学界却因此而终于承认她。在今天，很少有女人像她那样成为有争议的对象。

从有关肯妮护士的事迹中可知，她极相信自己的方法是正确而可行的，纵使全世界的人都怀疑她，她还是勇敢地前进。一个怀有一种信念、一个抱持着一贯目标的女人，极度相信自己的治疗方法很有效用，终于为全世界很多小儿麻痹症患者带来了新希望。

现在再谈一个故事，证明一个女人的强大旺盛生命力能够一直持续到暮年。故事主角是玛丽·康维斯船长，她的事迹早在1947年就刊载在报纸上。康维斯夫人到75岁时已经是一位航行了3.4万海里的老水手，但她还是要去航海。她出生于波士顿，从已故的丈夫哈利·康维斯———一艘汽艇的所有人——处学会了航海。她以资浅的航海员身份航行于大海，于1935年获得副驾驶的执照，于1940年拿到船长的执照。大约曾有2 600名海军军官向康维斯夫人学习航海。她在位于丹佛的家中的餐厅里教导他们。借着这些年轻军官的帮助，玛丽·康维斯

船长又起航了。

美国的《名女人录》，从事业上表现杰出的3.3万余名女人中，选出了1万余名，为她们写了传记。其中包括很多年收入5万美元以上的总经理。但李迪亚·平克罕是其中最伟大的商业女性。她的名字对今日的女性来说，可能不及50年前那样为人所熟悉，但是，她所建立的商业组织及产品——李迪亚·平克罕蔬菜合成公司——仍然是一片兴旺的景象。她单单靠一个观念，建立起一个巨大的企业，赚得百万的报酬，就女性而言，这可能是规模空前的事业。

布里斯托尔原本对平克罕夫人的蔬菜合成剂的奇效一无所知，但他还记得自己小时候常在家里的菜柜子里看到一瓶。平克罕夫人和她的伙伴真的将广告现代化了，因为她是最伟大的广告客户之一，今日用之于广告的很多观念都是由平克罕夫人最先提出来的。她在自己的很多广告中加入一种日常的哲理，具体传达了感情的吸引力，似乎能够深入女性的内心，所以不但销售了数百万元的蔬菜合成剂，更在半个多世纪的时间中，为位于麻州的林恩实验室带来了数以亿计的感谢信函。

这位极为杰出的女性再度向世人证明，对个人成就所具有的信念真能够带来成就。在李迪亚·平克罕年轻时，很多人都对自制家庭药物有兴趣，她也对之发生了兴趣，就开始在厨房调制她的合成剂，还把成品送给生病的女邻居。后来她领悟到这种东西可以出售，就开始推销。

像大多数开创新观念的人一样，李迪亚·平克罕也遭遇了很多挫折——缺少资金，遭到其他人反对，还有制造上和销售上也都有困难。但是，没有什么事情能够击退这位新英格兰的伟大女性，因为她的惊人推动力和热心，战胜了家中的每一个人。在她的事业扩展期间，尤其是这样。

这些靠着坚定的信念克服万难的女性是人类永世的楷模。

不仅女人们从她们身上汲取到了伟大的力量，无数须眉男子也正实践着她们的法则。

女人的坚强超过男人

跟很多有成就的人一样，葛蕾丝·穆尔战胜很多困难而终于成功，这些困难甚至能使一些最坚强的男人都心灰意冷。当她还是一个小孩子时，她就梦想成为一位伟大的歌剧歌唱家。这个小女孩终于走入社会，赢得人心。她在纽约逃学时，虽然一文不名，必须在格林尼治村

的小饭店唱歌才有晚饭吃，但她从未气馁。她在 17 岁初次登台，在 45 岁时接近事业的登峰造极。每次当她似乎无望地被击败时，她都一再表现不可征服的勇气，以胜利的姿态出现。她失过声，并且有位喉科医生告诉她，她永远无法歌唱，于是她与生命作战，经过一年的休养后，却唱得比以前更美妙。她优美的歌声为她带来了很大的名声，一直到她于 1947 年初在哥本哈根因飞机失事死亡，她都一直相信自己的梦想。

只有少数歌星肯帮助其他有天赋的人，而葛蕾丝·穆尔正是其中之一，她及时地帮助了很多无名而想成功的歌星。有一次她的一个得意门生对自己在表演中分派到的角色大表不满，据说穆尔小姐就把一位名歌星给她的一个忠告转告这个门生：对大艺术家而言，没有角色是小角色；对于小艺术家而言，永远不会有大角色。

爱伦·威金逊是英国的教育部部长，她身体矮小，一头红发，是靠着自己的毅力一步一步往上爬的。她个子不高，但却从未被块头大的英国领导人物吓住过。据说，她一生历经沧桑，起初担任学校教师，然后是女权运动者、小说家、记者，最后成为内阁一员。她最高兴听到有人说，在整个英国里，没有一个女人比她更积极、更坚强或者更惹人厌。她对大众利益最大的贡献可能是她努力提高学生毕业的年龄，从 14 岁提高为 15 岁。尽管其他内阁成员们坚决地反对，并且英国的工业需求大量的年轻人，她还是坚持这场战斗。

人们都说，每一位伟大的统治者背后都有一个伟大的女人。就历史而言，这可能不是真的，但我们确实有足够的证据，了解到女人在历史的塑造过程中扮演了相当的引导性角色。

信心造就名利双收的女人

另一个例子是关于《汤姆叔叔的小屋》创作过程的故事。此书的作者是个瘦小的女人，斯托夫人，只要有美国历史，她的名字就会被人记住。1850 年，斯托夫人严肃地发誓要出一本书，使全美国的人都感到奴隶制度的罪恶。她花了两个月的时间，努力去想那个日后震撼世人的故事，但是并没有想出来。1851 年的 2 月，当她在大学教堂参加圣餐仪式时，心中忽然浮现了汤姆叔叔及他死时的情景。据说，斯托夫人流着泪回家，写完汤姆叔叔之死那一幕，读给家人听，他们也都流泪了。

她做了很多的研究，读了很多

的资料，但是，在她真正坐下来动笔时，她却不需要用这些实际的资料。故事使她着迷，简直是自然而然地从笔下流了出来。她的潜意识只涌出了久已遗忘的记忆，以及照相似的印象，这些记忆及印象几乎自动在纸上排成了恰当的顺序。斯托夫人不是"想出"这些故事和它们的背景，她是"看到"了它们。在她那个时代，有关潜意识方面的事鲜有人知，但是，显然地，潜意识正是她故事的源泉，而很多人认为是这个故事引发了美国的南北战争。斯托夫人直到逝世为止都坚持是上帝写了这本书，而不是她写的。

还有很多有名的女人，像勃朗特姐妹、伊丽莎白·白朗宁、苏珊·安东尼、伊凡吉琳·布斯、珍妮·亚当斯，她们都享有盛名。

还有维蕾·尼曼的故事，这又是一个从寒门之女变为成功女性的故事。一个观念，15美元的资本，加上一个浴盆，使尼曼夫人开始了她的事业，她为了这个事业，曾拒绝了100万美元。她于1920年嫁给伯纳时，相信自己和丈夫能够赚到100万，她花了27年的时间才达到这个目标。而当一家药品公司提供这个数目买她的工厂时，她的100万本来可以到手了，而她却回绝了。尼曼夫人逐家按门铃，推销一种清洁液，以后她又夜夜在自己家中调

煮化合物，结果她想到一种混合物，这种混合物能够清洗90%的油漆表面。她的产品今日已经为数百万家庭主妇所熟知，而去年她的销售成绩超过250万美元。尼曼夫人每日都亲自去登门推销，见过5万名以上的家庭主妇，她知道面对挫折是什么滋味，但是她相信终有一天赚到100万美元的信念从未动摇过。

世人皆知有名的美国女飞行家亚美莉亚尔·哈特的故事，她是在南太平洋上空飞行失事的。在她当教师以及社会工作者时，对飞行产生了兴趣，于是她变成了了不起的飞行员，是第一位飞越大西洋的女性。1931年，她单独飞越大西洋，而4年之后又从檀香山飞越太平洋到了加州。

有位作家说，大部分的美国男性都不相信女性会是他们的对手。但是，当我们翻阅记录时，却发现在各方面获得成功的女性，数目非常惊人。

有一个伟大的美国女性，得到了双重的成功——成功的家庭主妇和成功的职业妇女。她就是玛丽·伦哈特，有40多年的时间，吸引了全世界神秘小说的读者。她不得不赚钱，为的是挽回她和她的医生丈夫在一次股票大跌中损失的家产。她一手写那些伟大的虚构小说，为她赢得了千万以上的读者，另一手

则照顾她的孩子，处理家务琐事。

有许多女人没有结婚，只因为她们对婚姻有严肃的看法，不愿意只是随便地嫁给"一个男人"。但是，如果这门关于创造性思想的学问能对男人发生效用，它也能对女人发生效用，甚至还可以使女人创造出自己心目中的男士形象，并使心目中的男人形象成真。换言之，如果一个单身女郎能够摹想自己所想要的那种男人，并且按照这门学问的原则坚持地固守这种想法，那么，她也能够使自己的心像实现。一些女读者可能认为这话听起来很蠢，但是很幸运地，布里斯托尔曾将这门学问提供给很多女人，而她们已经用这门学问得到最大的效果。因此，如果你还单身，而又全心全意想有某一类型的男人走进你的生活，成为你的丈夫，那么，你只要在心中想象他，不一定想象出他的高矮美丑，而是抽象地想象，想象你希望遇见的男人拥有的特性，那么有一天你一定会在千万人里遇见他的。

拓荒的主角不只是男人

19世纪80年代，查理士·劳勃特森在堪萨斯州的农庄长大。他想要移居到印第安·泰里特利去，看看自己能够在这个边界殖民区做出什么事业。于是他和他的妻子哈丽特就将他们的行装整理好，放进一辆敞篷马车里，带着孩子们向未知的前途出发。他们在锡马龙河的河岸定居。这个地方，就是现在的俄克拉荷马州东北。布里斯托尔的祖父建造了一座木屋，用篱笆围起一片自己的土地。不久，他借了一笔钱在这个小乡村开了一家小店，那就是现在俄克拉荷马州的杜尔沙市。

他的祖母哈丽特日子过得很艰苦，她要照顾9个小孩，身体不太好，而且生活很不方便。她用旧报纸来贴补那间最早盖起来的木屋。那里没有医生。只有一家一间教室的教会学校供小孩子读书。艰苦的生活、债务、寒冷的冬天和炎热的夏天，这就是他们全部生活的写照了——但是以边疆的生活标准来说，查理士·劳勃特森成功了。哈丽特活着看到她的丈夫变成一个成功的、受人敬重的居民，她的儿女们也都幸福地结婚了，而印第安·泰里特利也变成联邦政府的一州。

联邦政府这些州的发展，不仅由于有像查理士·劳勃特森这种男人的眼光——他们开拓了新的天地并且扩展疆界——而且也因为有了这些勇敢的妻子，就像哈丽特，她们勇敢地去尝试新生活。这些女人信仰上帝，信仰她们的丈夫，而且最重要的是信仰她们自己。她们面

对着危险、困苦、疾病和死亡。当她们朝西部前进的时候，有没有怀念过她们离开的舒适的家？有没有后悔过离开了朋友、双亲、财富以及安定富足的生活？如果她们没有后悔过，她们就是没有人性。

即便如此，拓荒的女士们跟随着自己的丈夫来到这些荒凉地区，写下了美国历史上光辉的一页。他们留给自己的儿女一笔巨大的遗产，包括土地、城市、辽阔的大地以及一种不屈不挠的勇气和无法动摇的信心。

每个女人都要有这样的信念：拓荒的主角不只是男人。在苦难中得到真金的是那些勇敢坚毅的女人。历史上的昨天和今天都有无数这样具有拓荒精神的女人用她们纤弱的肩膀担着生活的重担。要向那些拓荒的女人学习，做个勇敢的拓荒女人！

女人的完美不在外貌

在现代社会中的妇女受到很多问题的困扰。许多女性觉得她们必须达成一种肉体上的完美状态，否则她们的生命就毫无价值，然而这只是同一枚硬币的另一面而已，只强调一面是荒谬的。

布里斯托尔的一个朋友是一个整形医生，看过许多其实相当美丽的女性，却认为自己很丑，即使是最轻微的缺点，她们也觉得无法接受。有数十位女士要求为她们开刀，替她们除掉并不存在的缺陷，但是这个整形医生总是拒绝她们的要求，因为他觉得完全没有这个必要。

女人都有一种莫名的恐惧感，同时她们也不害怕把这种感觉公开表现出来，她们认为偶尔哭一哭并没有什么不对。许多女人的神情总是显得相当紧张，但她们却坦然接受这个缺点。"懦弱"对她们来说，也是肉体缺陷的一种。

海伦·秀曼和梅娇利·科伊在《身为女人的挑战》一书中强调了现代美国妇女所面临的社会压力："在最近一期的流行妇女杂志中，一半以上的妇女照片显示，这些妇女的装饰，难以暗示她们是否曾做过任何工作。只有 5 位女士看来似乎已经超过 40 岁，而 32% 的女性只是表面上装作在工作而已，而且她们美得不切实际。"

让我们面对这样的一个事实：每个女性都无法像伊丽莎白·泰勒那般美艳，但这并不是造成自卑的原因。如果她认为她必须长得像伊丽莎白·泰勒那么漂亮，那么她是在自找麻烦，破坏自己的自我心像，并进一步摧毁生命的支柱——信念。

女人应该对生活做更完美的认识，以发展自己的精神与创造能力，

同时为自己的将来制定目标。最重要的是，如果自身并不是"完美的女性"——这种"完美的女性"甚至并不存在——也不要责备自己。

女性唯有展现更深层的自我认知，才能让自己的目标明确，不致盲目，因而减少和舒解压力；才能让自己容光焕发、健康美丽，活出真正的自己来。

更为美妙的是，如果女人让自己懂得美，拥有爱以后，她们不但和周遭一切调适，更能体现她们与自然的同步和谐，甚至与宇宙共舞！

一个人的外貌，往往是这个人的内心显现。

对于女人而言，更是鲜有不重视自己容貌的。现代的女性，也像古代的女子一样爱美，但是更为幸运的是：化妆的保养的技术和用品，都远比过去精良。

美，已经非常普遍和民主化了。

在今天，几乎每一个女人都相信，"世上没有丑女人，只有懒女人"之说。

可是，你觉不觉得，女人常常会把美容看得太重了，以致忽视内心的建设。有时候显得过于夸张，又有时候过于抹杀自己，做不到恰当适宜地修饰自己。同时，她们过于强调化妆、依赖化妆的结果，却反而使她们失去了自然之美。

女性美的风尚，会形成一种集体社会模式，而成为女性自我肯定的裁判。如何适度地保持自我，就需要靠女人对自己的认识。美丽得像个模特儿，未必正确得体。有慧心的女子，即使未必天生丽质，也能运用自己的力量，树立自己的特色和风格，也能成为一个有魅力的女人。

古希腊的哲学家，早早地启示每一个人，要人们认识自己。

你如果想要彻底地认清自己，即使光是外貌，也需要独立的思考和见解。美丽的容貌，不仅仅依靠化妆品、保养品和高度的美容技巧，还必须懂得用知识来美容。

一个灵魂美丽的女人才是真正美丽的女人。

因为再昂贵的化妆品和名牌服饰，也全然不能提升女人的品位和气质。诚如文前所说，一个人的外在是内在的显现。而心灵的美，正像容貌一样，需要美化和滋养。

在这个物欲膨胀，人人都忧心忡忡的年代里，我们更需要净化自己的心灵才能持有主见。

今日的社会乱象纷呈，正反映出一般人心的意识形态。是我们自己，创造了这个充满诱惑与挑战的环境。

因此，一个冰雪聪明的美丽女子如你，怎能只会美容而不去美心，怎么会不积极参与社会活动呢？

希腊神话中的大地女神盖娅孕育着地球上一切的动物、植物、土壤、海洋、大气,其实这也是女性的母爱特质。女性的爱能,来自她们灵性才能的成功,使她们得以在所有的人际关系中释放和发挥。

女人们,你想成为大地女神,就必须有信心,你有信心,你的爱人才会有信心,你的孩子才会有信心,世界才能有信心!

真正的温柔其实很坚强

弱者才会残忍,唯强者懂得温柔,几乎每个女人都是懂得温柔的强者。他最初选择你是因为青春和美貌,而最终你能留住他的却是你的温柔。而真正的温柔其实很坚强,这是一种高贵的品质,这种品质正在推动人类社会朝和谐的方向发展,可以说是一种伟大的力量。女人们不仅单飞时在湛蓝的天空留下美丽绚烂的痕迹,在与伴侣比翼齐飞的过程中,也用其温柔而坚强的力量画出生命与历史的大写意。

救世军不只是它伟大的创始者威廉·布斯的活纪念碑,而且也是威廉最具爱心的妻子凯瑟琳·布斯的活的纪念碑,因为她曾奉献这么多的精力来推广这个运动。

威廉·布斯把传道看作自己的天职,他在伦敦的贫民窟对穷人、残疾人和流浪汉讲道。他、他的妻子和孩子们都忍受着寒冷、饥饿和嘲笑。他致力于帮助穷人,以至于损害了自己的健康。他的妻子凯瑟琳从小就很瘦弱。她患有脊柱弯曲症,必须使用脊柱支柱。她还受着肺痨的威胁。晚年又受到了癌症的折磨。她临死前说:"我从来就不知道有哪一天不是生活于痛苦之中的。"

然而这位孱弱、瘦小而多病的妇人,不只要做饭、洗衣和照顾他们的8个子女,还要帮助她的丈夫,为那些比他们自己更加穷困的人奉献出他们慈爱的努力。她也传教讲道。到了晚上,在白天的劳累之后,她还要到贫民窟去帮助那些饥饿、生病或遭遇困难的人。她为那些怀有私生子而未出嫁的姑娘准备饭菜,找寻安身的处所。她和那些小偷、流浪汉与妓女谈话。

你一定会想凯瑟琳·布斯只要有适当的机会,一定会想离开这个悲惨的地方吧。离开这儿的机会有好多次,有一次牧师会议受到布斯的真诚感动,就在一个比较富裕的地方,留给他一个舒服的讲道工作——这样他就可以放下他的贫民窟的工作了。

他们忽略了威廉的妻子。凯瑟琳·布斯马上站起来叫道:"不要!不要!"

多亏她有不怕艰难的坚决的信心，现在才有救世军在各处工作。许多人都希望凯瑟琳能够在人间活得更久一些，亲眼看到她对于丈夫所作的贡献所得到的结果。在威廉·布斯的葬礼之中，当他的灵柩经过的时候，伦敦街头挤满了 6.5 万人向他表示敬意。伦敦市长也在送葬的行列中。欧洲的政要和美国总统也都送来花圈。在他的灵柩后面，有 5 000 名年轻的救世军跟随着，并唱着赞美诗歌颂他们伟大的领袖。但愿天堂里的凯瑟琳已经都知道了——这位瘦弱的女人完全不顾自己的安全，加入了对丈夫伟大事业的献身工作。

是的，成功的真正意义，是运用你的信念找寻你所热爱的工作并努力去做——在奋斗的途中必须不顾自身的安全与幸福，有时候只有这样做，才是获得你真正想要的东西的唯一方法。

第八章　成长于信念，成功于未来

> 　　这种信念的力量是神奇的，它可以使千千万万的年迈老者和衰弱的年轻人毫不迟疑、毫无怨言地进行那种艰苦不堪的长途跋涉，并毫不懊悔地忍受因此而带来的痛苦。
>
> 　　　　　　　　　　　　　　　　　　　　　　——马克·吐温
>
> 　　当你遭遇挫败时，专注于自己追求的信念会帮助你挣脱负面情绪的桎梏，使你很快就会将失败抛在脑后，继续奋斗。只要你专注于自己的信念，你就会从中享受到生命的喜悦。
>
> 　　　　　　　　　　　　　　　　　　——摘自《创造人生的奇迹》

　　信心可以使思想充满力量。你可以在你强而有力的自信心的驱策下，把自己提升到无限的高峰。

　　一个生来就丧失了听力的小男孩学会了如何听人说话；一个"没有机会"的女士成为一位伟大的歌剧演员；一个被医生认为无法挽救的人，却安然地活了过来。帮助这些人获得胜利的，就是信念这种神奇的力量。

　　人类的意识是没有止境的，除非我们对自己加以限制。

　　信心是人类意识中的首席化学家。当信心与思想混合在一起时，我们的潜意识立即接受这种波动，把它变成相同的精神波。信心、爱情与性这些情感，是所有重要的积极性情感中最有力量的。当这 3 种情感混合在一起，它们可以替思想"加上色彩"，使得思想可以立即传达至潜意识中，然后变成相同的精神力量。

　　在你的身心的某个地方，成功的种子正在冬眠，只要把它唤醒，使它活动起来，它就会把你带到永远不敢奢望的成功高峰。

　　就像一位音乐大师能使小提琴的弦音倾泻出美丽的音乐，你也可以唤醒沉睡在你脑中的天才，鼓舞他，让他带你走向你所希望达到的

任何目标。

时光不为你停留

在实现信念的过程中，有一个大敌——时间。

"没有时间。"没有时间不是理由，只是一个借口。

"你有所有的时间!"英国小说家贝涅特说得一点也不错。

有一句格言说："时间即金钱。"这句话说得还不够，事实上时间超越金钱——你有时间，就可以获得金钱。但是尽管你富甲天下，却买不到一秒钟的时间。

"我好希望学点音乐知识，"有一个朋友懊恼地说，"但是我没有时间。下班以后已经筋疲力尽，怎么会有兴趣练习? 周末又想轻松轻松，准备星期一去上班。"

布里斯托尔分析了他的生活习惯。他7点钟起床，花20分钟时间刮胡子、洗漱和穿衣服，20分钟吃早点，再花20分钟去搭公车上班。

"早上6点钟起床，每天早晨练习30分钟怎么样?"有人建议他。他起初不太高兴，不愿意耽误他的休息时间，后来朋友终于说服了他。现在来听听他后来怎么说:

"你的主意实在太棒了! 大清早练习根本不是工作，而是一大乐趣。我头脑清醒时开始练习，不但不觉得睡眠不足，反而精神百倍，上班更有干劲。我越来越觉得好玩，起先在6点半起床，现在一大早就爬起来练习了。"

一个收入有限的人没有一个支出预算怎么行? 他每个月有固定开销，房租或房屋贷款、衣食、交通、保险费以及别的等。为避免入不敷出，必须把每个月的收入在这些项目上平均分配。

多少人想到替他们的时间做一个预算? 这一点比金钱预算还重要。如果你丢了一元钱，还可以赚回来，但是重新获得失去的时间却是根本不可能的。时间过去了就是过去了，永远不回头。

把你最典型的一天分析一下，看看能不能用得更有效。你工作8小时，睡眠8小时（其实如果睡眠质量较高，则7个小时就已足够），你还有8小时做什么呢? 如果再分出3小时是吃饭和上下班的通勤时间，还剩下5个小时。

"只要工作没有娱乐，使杰克变成了大笨蛋。"常听到有人说这句话。一点也不错。适当而有意义的娱乐不但使自己变得快乐，而且有益于休息和健康。成天无所事事，反而满脑子塞满了债务、有限的收入以及错失良机带来的懊恼，不但不是休息，反而更增加了心理负担，甚至造成意志消沉。

有一个人，叫包布·琼斯，他想自己做生意，但是一直没有动手，因为他没有时间准备，也没有创业的资本。

"你什么时候吃完晚饭？"布里斯托尔问他。

"7点钟左右。"包布说，接着又说道："不要叫我7点钟以后再工作。在办公室里忙了一天，我需要在那段时间休息和轻松一下。"

"你自己考虑考虑，"布里斯托尔建议他，"利用每个星期一、三、五的晚上7点到11点的4个小时去努力工作。如果你真能如此，你的收获一定很大，你愿意试试看吗？"

包布想了几秒钟，然后带着慷慨激昂的表情，表示可以这么做。

包布目前有两个障碍：第一，他必须花时间去学习"专业知识"。第二，他必须有钱做资本才能创业。

要想克服这两个障碍他第一步应该去赚钱，这个困难解决后，他才会专心工作和学习专业知识，因为有了钱以后他就会知道有了知识和经验，就可以自立门户了。

由于时间已经分配了，他必须想办法把时间换成金钱。事实证明这个工作很简单。

包布·琼斯长得很帅，而且能言善道，因此布里斯托尔建议他利用空闲时间去推销东西来赚钱，再把钱存起来作为资本。

后来事实证明这个建议效果不错。他头一个星期就赚了25美元，不久后一个星期就可以赚到100美元。他户头里的存款开始直线上升，起先是几百，后来就用千来计算了。

他非常满意他的推销成绩，因此买下一个好地区的独家代理权，又租了一间办公室，公开招考推销员——轰轰烈烈地干了起来。

他的收入剧增，不用再在晚上加班，下午也可以打打高尔夫球和参加一些活动。但是，包布·琼斯并不这么做，他已经了解他的时间的金钱价值，也了解浪费时间就等于是浪费金钱。他仍旧在每个星期一、三、五的晚上研究生意方面的事。他不再自己推销，却用来设计促销方法和别的可以刺激生意成长的办法。

在结束这个例子以前，请他自己谈谈每个星期三个晚上工作会牺牲多少快乐。

"我每星期有三个晚上去追求目标是不是很委屈呢？一点也不。我马上就可以自立门户当老板的时候，真是热情百倍，以至于我天天盼望这三个晚上的来临。'时间是金钱'，一点都不错，我已经把时间变成金钱，没有让它白白溜走。"

由于钞票可以拿在手上买东西和交换服务，因此有一定的价值，任何人都不会随便乱放，免得被人

拿走或被风吹走，紧紧守着它。假使时间看得到，也有实质价值，谁还会满不在乎地就让它白白浪费呢？绝对不会，你上班的时候，老板花钱买你的时间，因为没有时间什么事都办不成。你走进一家商店，你也会花钱买东西。如果你知道东西的价格，也不会多花一毛冤枉钱。

因此你要珍惜你的时间，把每一小时都看得很值钱，这样你就会估计你用时间换来的东西的价值了。

生活的真正乐趣

这样会不会使你的生活太紧张刻板以至于没有生活乐趣？会不会使你变成时间的奴隶？会不会把时钟变成你的敌人？答案都是"不会"——一千一万个不会。

没有什么再比充实的一天终了时更能使人安慰，只有这种想法才会给你真正的休息和甜蜜的睡眠。

娱乐和工作同样重要，生活应该保持平衡。工作一会儿、休息一会儿、娱乐一会儿，这是获得生活乐趣的神奇妙方。如果心里老是牵挂没有做好的工作，我们就没有休息，也不能尽情娱乐。

一个人一旦克服自己的懦弱，并且学会支配时间，很自然就会急着增加他的知识。有很多藏书丰富的图书馆、补习班和成人夜校等，

一个人不想增加知识，根本就是懒散的表现。

如果你选的科目是你真正喜欢的，不但学起来事半功倍，甚至是一种享受。

读书要经常练习，你一旦养成在固定的时间看书的习惯，就会像起床以后穿衣服一样自然而然。

读书的时候不要太马虎，看完一页要回想一下，必须确实了解这一页的意思才行。

在你实行本书的建议时，不可因为觉得应该读书而读书，应该为了要读书而读。

知识如果不变成经验，就没有什么价值。一个人可能了解"如何"去推销，但他需要实际的经验可以在一个晚上学会"如何"弹钢琴，他知道琴键的细节和它的位置，仍旧不会"弹"钢琴——他必须花时间把知识变成经验才行。

经验都是从"做"中学来的，正如利用分配时间的方法来读书一样，也可以利用同样的方法来吸收经验。

你最好利用业余的时间，在你喜欢的行业里，找一个兼职来获取经验。

本章的主旨是激起一个人利用信念达到目标的欲望。

现在所说的是不肯行动的原因，另外还要找出一个原因——没人相

信你有理由停滞不前。

现在把希腊演说家兼政治家狄摩西尼斯的话告诉你。他说："成功需要行动！更多的行动！不停的行动！"

每一站都比上一站精彩

一个进步者的特征，就是他能随时随地要求进步。他恐惧退步，生怕堕落，因此自强不息地力求改进。

一件事做到某一阶段，决不可停止下来，应该继续努力，达到更高的一步。一个人自以为满足而不再求进步时，便是他事业挫败的开始。所以说，成功本身有可能是事业发展的最大危机。

每天早晨，应下决心，改进自己一天的事务。晚上离开办公室、工厂或其他工作机关的时候，一切都要安排得比前一天更好。这样做的人，一年以内，他的事业定有惊人的成就。

不断改进这种习惯，具有极大的感染力。能不断改进的老板，他的雇工和职员，就会受他的感染，来改进他们日常的工作。

能激起自己的雇工职员自动努力的雇主，在他的企业中，就获得了强有力的同盟者。

一个富有感染力的人，对于受了挫折而沮丧者，有着极大的帮助。

要求进步的人，应该常和他的竞争者接触，应前往经营有方的店铺、商场、展览会以及一切管理得较他更好的机关团体去参观，借鉴新奇的方法。

芝加哥有一个成功的商人，他利用了一星期假期的时间，去参观国内的大商店以后，得到了改良自己店铺的办法。此后，他便每年远游东方，专门去研究几家大规模商店的售货术和管理法。他认为这种参观，是绝对需要的，否则，墨守成规地做下去，势必走向失败。

他说，他的店铺，经过这番改进，和以前大不相同，以前从未注意的缺点，例如货品布置得不能吸引顾客，员工的工作态度不认真等，经过参观，便历历在目，引起他极大的注意，于是他大力革新，改变橱窗的陈列，辞退不尽职的员工，店内的气象从此焕然一新。

一个从不离开其店铺，从不想和同业竞争的店主，是盲目的。所以要使自己的店铺发达，唯一的方法，是使新的理念进入店铺，这就需要去观摩同业的先进经营方式，作为改进的借鉴。

人身体里的血液，时刻在更新，因此身体健康活泼。同样，从事商业的人，应该时常往自己头脑中灌输新颖的思想，获得改进的方法。

这样，他的事业才能一天一天地发展。

只有才能出众的人，才会领悟到不断改变自己的价值，用客观的态度，去观察别人的优点，考察自己的缺陷，力求改进。

那些老是安于现状的人，必定要走入失败的迷途。他们对现实状况心满意足。对发生的问题，他们毫不觉察，如果不变换他们的环境，便绝对不会发现那些缺陷。

一个旅馆业的领袖，在他踏进另一个旅馆的一刹那，便会注意到有许多事情，是该旅馆主人应该加以改进的。而那经营不善的旅馆的主人，他去观察别家旅馆时，也许用一年半载，还观察不出来有什么需要改进呢！

大多数人认为，要改进他们的事业，一定要整个地改进。只有用神秘的方法来改进，才能出人头地。他们不知道改进的唯一秘诀，乃是随时随地求改进，在小事上求进步。逐渐地改进，远胜于虎头蛇尾地改进。

把这句话，挂在自己的办公室里，将会有所功效，就是："今天我应该在什么地方，改进我的事务？"布里斯托尔的一位好朋友，他从小就把这句话作为座右铭，从他所做的事业上可看出这句话有无穷的感应力。他努力进步，他所做的事业赢得了巨大的成功。

请你记着，你不止是在看一本书，而且正在创造新生活，昨天的你和明天的你相比，有如毛毛虫和蝴蝶一样。

在你阅读这本书的时候，也许会以为正在接受什么新学说、新观念，要看到效果，还必须经过一番艰苦的奋斗。

你错了——其实书里每一个原则都很简单，简单到使人不敢相信它的神效。但在仔细回想你的心得时，你的理智会告诉你，把生活从无聊单调转变为兴奋欢乐简直易如反掌。

布里斯托尔提醒我们："知识是没有用的，除非你身体力行。"你同意。你所阅读的书里所说的每一个字你都同意，但是光同意还不够，你要实际去运用——现在就开始。

不必等到看完——也可以说走完这趟旅程——才开始运用，现在就开始实行。说得更好听一点，依照这些原则来生活。在前面已经说过，你正在创建一种新生活——现在就开始"生活"在其中实在太重要了。

你现在有没有热情呢？现在快不快乐？你以前相信会在很短的时间里就全盘改变你的生活吗？的确，每一站都比上一站精彩，因为你毕竟为改进自己付出了巨大的努力。

坚信自己成功就会成功

布里斯托尔先生知道，对信念这门学问一无所知的人是很难接受"一切事物都在自己心中"这个观念的，但是，就是最具唯物思想的人也一定能轻易认识到，除非他了解外界，或者说除非外界的一切存在于他的意识中，否则，对他来说，外界是并不存在的。使他觉得身外的世界具有真实性的，正是他在心中所创造的心像。

很多人追求快乐，但很多人不能发现快乐。快乐是完全存之于心的。你的环境和每日生活中发生的事，不影响你感受快乐，除非它进入你的意识中。快乐完全无关乎地位的高下、财富之有无或物质方面的丰寡。快乐是你自己有力量控制的一种心态而这种控制权在你的思想中操纵。

"你要这样想：'一切的一切不过都是意见，而意见是你的力量能够支配的'，"伟大的哲学家马可·奥勒留如是说，"那么，如果你喜欢的话，你就去除你的意见吧。这样，你就会像一个绕航海峡的水手一样，发现宁静，发现一切都很平静，发现一个无风无浪的港湾。"

苦恼是经过意识的孕育而产生的。失望、压抑、忧愁、沮丧等，全都是因为一个人想到不如意的事而自找的感情刺激或暗示。如果一个人能够对抗这些感情的刺激，并且运用意志力阻止这些影响力驻留在他的意识中，那么造成苦恼想法的根源就会消失，因此苦恼也会消失。要注意的是：压抑的想法和想象都源自感情的反射，而人之所以无法抗拒压抑的想法和想象，是因为人们无法控制自我，还有因为心中的想法造成某种情况时，他们无法去支配这种情况。你不要再想了吧！不要再想那件事，不要再以那种方式去想。你必须肯定自己能创造和主宰自己的思想习惯——事实上你必须变成事事不心猿意马的人。没有人曾击败过坚强的意志，甚至死神面对坚强的意志也踌躇不前。

爱默生说："世界上最难的事件是什么？那就是'想'。"显然是如此，想想看，许多大人物都是集体思想的牺牲者，受制于别人的暗示。人人都知道因果关系是天经地义的，然而众人中有多少人曾经对其深思呢？一个人的一生中会有多少次因简单的一个想法而改变了命运？一个在脑中灵光一闪的念头，却常演化成很大的力量，改变了人类历史的潮流。历史上有很多心智坚强而意志坚定的人，他们坚持自己的信念，启发他们的同胞，从一无所有中，创造出伟大的事业、巨大的帝

国，以及崭新的世界。他们并不独占思想的力量。你和每个人一样，都拥有这种力量。最重要的是，你要去运用它。这样你就会变成你所想象的自己；因为借着因果关系的运作，你就能够为自己的生活带来新转机，这些新转机是你的思想创造出来的内在的力量和外在的助力。

积极而创造性的思想导致了行动和最终的美好结局。真正的动力不在于行动本身，而在于思想。要记住："不管一个人在精神上能够想出什么，他都能实现。"如果一个人能创造出适当的心像，并且经常保持这个心像，那他一定能享有健康、财富和快乐。

了解你自己。要了解你自己的力量。要一读再读本书，直到它变成你的日常生活的一部分。只要你踏实地使用卡片疗法和镜子技巧，那么你就会得到远超乎你期望的成果。只要相信信念中有真正的创造性魔力，那么就真的会有魔力。因为信念能提供你一种力量，使你所做的一切都可能成功。只要你用超人的意志去支持你的信念，你就会成为永不会被击败的人，成为人中之人——你自己。

用信念安排你的一生

你的一生都在服从信念的安排。

信念会让你痛苦也会带给你快乐，信念能让你成功也能让你失败，信念到底是什么呢？正如我们开头所说，信念是一种对自身或他人，对客观世界和主观世界的看法和定义。这种看法和定义是你内心的真实声音，你的行为和想法却受信念的限制。

你现在回想一下你的信念是什么？在这些信念影响下，你做过什么样的决定。

一旦建立一种信念，你就会创造出以你的信念为"真相"的现实。你的生活会符合那种信念，而且会不断有证据证明那信念是真的，你甚至难以想象自己会有和信念不符的行为出现。因为你真的觉得那种信念存在于世界上，所以你很难消除或改变它。你的行为会持续符合你的信念，即使那是你试图要改变的不良行为。

你想象上帝说："让地球运转，覆盖陆地和海洋。"于是就有了地球及地球上的陆地和海洋。接着上帝说："我想我要到地球看看，在这颗星球上四处航行。"所以上帝就来到地球，造了艘船，开始航行。然而不久之后，即使上帝也不可能继续航行，因为船终究会碰到陆地。很明显的是，上帝会让陆地消失以继续航行，但只要上帝创造的陆地依旧存在，即使连上帝也不可能不受

阻碍地旅行。

马克·吐温曾经说过："悲观主义者的观点是最糟糕的。"他说的非常正确。那些相信失败的人几乎都是平庸之辈，那些伟大的成功者从来没意识到失败的存在。

来看看亚伯拉罕·林肯的生命历程，这是个经典的事例，已在许多励志书籍被提及：

31 岁，经商失败

32 岁，竞选议员失败

34 岁，经商又一次失败

35 岁，经历恋人死亡的打击

36 岁，神经受损伤

38 岁，竞选议员失败

43 岁，竞选议员失败

46 岁，竞选议员失败

48 岁，竞选议员失败

55 岁，竞选参议员失败

56 岁，竞选副总统失败

58 岁，竞选参议员失败

60 岁，被选为美国总统

如果亚拉伯罕·林肯把以前的竞选失利当做失败的话，他能成为总统吗？不可能。托马斯·爱迪生的故事对人也很有启发。他改进电灯泡的尝试失败了 9 999 次后，有人问他："你第一万次会失败吗？"他说："我没有失败过，我只是发现了另一个制造不出电灯泡的方法。"

那些有着个人力量的人——运动场上的胜利者、人群中的领导者、艺术上的大师——都明白，如果试着做某些事而没取得希望取得的结果，那么这只是一种反馈。可以利用这些反馈的信息，更明确地知道需要干什么才能取得希望的结果。巴克明斯克·富勒曾说过："不管人们学到的是什么，都必须看作只是不断摸索的结果，人们是通过失误来学习的。"有时，你是从自己的失误中学习，有时是从别人的失误中学习。

富勒用一个船舵作比喻。他说，当舵被扳向一边或另一边时，船的转动幅度并不完全是舵手所希望的，他必须修正转动幅度，把船向原来的方向上扳，从而不断地扳舵、调整、修正。你想象一下——一个舵手在平静的海面上行驶，在航线上通过千百次的偏离、校正、校正、偏离的过程，悠闲地引导他的小船向目的地驶去。这也是一个多么动人的想象，同时也是成功的生命历程一个美妙模式。但大多数人并不这样考虑。把每一次失误都当做沉重的精神负担，这才是一种失败。

比如：很多人都由于发胖而感到沮丧，他们的这种态度对他们处境的改善无济于事。应该接受这样的事实：他们已经成功地取得了使自己胖起来的结果，现在应该获取一个使自己瘦下去的新的结果，而要产生这种新的结果就要采取新的

行动。

相信失败是一种精神障碍，把消极情绪贮存在大脑中就会影响生理状态、思维过程，进而影响每个人的生存状态。对大多数人来说，最大的限制就是他们对失败的恐惧。罗伯特·舒勒提出过一个著名的问题："如果你知道自己不会失败，那你会做些什么呢？"仔细考虑一下这个问题，你会怎样回答？如果你真相信不会失败，那么你就可能采取一些新的行动，进而获得期望中的结果。因此，布里斯托尔建议你现在就该意识到：任何事情都不会有失败，只有结果。你每做一件事都是在产生一种结果。丢掉"失败"这个词而只看到"结果"这个词，努力从每一次经历中汲取养分。

有信念就会有希望

19世纪法国伟大的浪漫主义作家雨果说："人们夜里走路，眼睛总要盯住灯光。"

有一个人，他仅有的财产是一头驴子、一条狗、一盏油灯以及一本书，书名是《希望》。

有一天，他带着所有的财产出了远门，袋里装满书，左手提着油灯，右手牵着驴子，身后跟着狗。

到了夜里，他在路边看见一间草屋，决定在草屋里过夜。

由于时间尚早，他点起油灯，开始读书，没想到突然刮起狂风，把油灯吹熄了。

他只好躺下来睡觉。

没有多久，狐狸跑来，咬死了他的狗。

又过一会儿，狮子跑来，吃了他的驴子。

他早上醒来，大吃一惊，立刻拿着书跑出了草屋。

当他到达邻近村落时，更为吃惊，因为夜里来了一群盗匪。

如果狗还活着，就会骚动，自己因而会被盗匪发现。

如果狮子选择吃人而不吃驴子，自己的性命也不能保全。

正因为失去了一切，性命才能以保全；反之，如果性命不在了，一切都保全，那又有什么意义呢？

他紧紧抱着怀里的那本书，终于领悟到："一个人即使失去一切，也不能失去希望；一个人尽管身处绝境，也不能失去希望。只要活着，就有希望。"

希望是人生存的原动力，有了希望，人可以忘掉痛苦和不幸。

像海边的灯塔，希望也是这样指导着人生奋斗的方向。有希望就意味着有前途，每个人从小不就是在"我希望"中长大吗？

有了希望，就有了勇气，就有了一切可能。

从事一项工作的时候，如果没有抱着胜利的希望，这是使希望无由实现的巨大障碍。每个人都应该牢记这句格言："你要相信你能得到你所希望得到的东西。"

恐惧的心理，会减少人的生气，它有着极大的破坏力。纵使生命的源泉干涸，凡事皆趋失败。唯有远大的希望，深切的信仰，才能医治人的懦弱、改善人的习惯和品性。

希冀将来有美好的享受，希冀获得健康和快乐，希冀社会上的地位，这种种希冀，都是成功的资本。

许多成功者，都因他们能使希望实现，不论所遭遇的环境是多么黑暗，他们的信仰都坚定不移。

希望会使人们潜在的能力发挥出来。希望原是极大需要的表示；基于极大的需要，焕发体内的潜力。如果不以极大的需要来呼唤，那么这些能力，都潜伏在体内，永远不会发挥出来。

每个人都应坚信自己所希望的事情能够实现，切不可有所怀疑，任何怀疑的思想都应驱逐，代以必胜的信念。

在美好的希望中，要有坚定的信仰。如果有坚定的信仰，努力向上，将会有美满的成功。

征服一切障碍

事物显现于外前，必先发生于内心。每个人都具备了潜在的资产与才能，这些才质一旦被挖掘出来，在遭遇危机时必能替你解围。

成千上万的人在寻求一个秘密——使自己拥有健康、财富、幸福、满足的钥匙，以及所有困扰自己的问题的答案。

从古到今，有许多人曾经找到这个秘密，运用过这种威力。你也能获得这个答案，如果你能确实把你所读到的内容化为思想，并把这些想法运用到生活里。

你在追求什么？

你要往哪里去？

回答这两个问题，就等于为你的一生定了目标和方向。若你不知道自己追求的是什么，也不知道要往哪里走，那么你终将一无所获，一事无成。一个心性不定的人，一定常处于彷徨不定的状态。

永远不要忘记：物以类聚，人以群分。

你今天的想法，决定了你明天的成就和地位。

你有没有注意过那些犹豫不定的人？当他操着汽车方向盘的时候，他会一下走这条路，一下走那条路。本来放慢速度要转变的，忽然又改

变主意加速行驶。时而过分小心翼翼，时而粗心鲁莽；他根本不知道自己置身何处，也不知道为什么会在那里——别人也一样不了解他。

想要达到某种地位，或者想要有所成就，这样绝不是办法。如果你在思想和行动上没有定向，犹豫不决，这就表示你未能完全控制自己的心神情绪，同时也证明你还未见识到这种能扭转命运的创造性力量。

原子弹的威力大家谈得很多了。当人们在估计原子弹、氢弹或钴原子弹的威力时，总是以"相当于多少千吨的黄色炸药（TNT）"来比喻，当布里斯托尔初次发现自己有这种威力时，他觉得最恰当的比喻，莫过于称之为"黄色炸药"。在你对生命感到厌倦、灰心、失望之前，希望你能及时自我检讨，掌握那触手可及的"黄色炸药"。如果你已经找到了起爆的雷管，那么就准备点燃，发出警告信号。接下来要小心处理，准备接受改变你自己的第一个大爆炸，让它炸毁所有的恐惧、怀疑、担忧、压力、自卑、挫折、愤恨、偏见，为你开出一条扭转人生方向的美好坦途。

布里斯托尔有一个患有口吃的朋友，从小就想当牧师。长大后，他的志向仍然未改，但当他把这种想法告诉朋友和亲人时，他们不是笑他，就是泼他冷水，想打消他的念头。

"你最好找一个不用公开露面的工作。"他们劝他，"没有人会来听你讲道的，你连讲完一个句子都有困难。如果你在台上结结巴巴的，不是很尴尬吗？你有时要花上半分钟才吐得出一个字来。"

"我不会永远这样。"这个人意志坚强，不为所动。"总有一天，我会讲得跟别人一样好，我已经可以看到那一天，我能办到！"

后来，布里斯托尔的这个朋友在西岸的一座大教堂里任职，成为全美最具说服力的布道家。他的许多信徒都绝对想不到这个人过去有过严重的语言障碍。

他是怎么克服这个弱点的？靠他对梦想的执著，靠他发挥天赋的创造威力，帮助他突破了困境。

他告诉布里斯托尔，他常常到农场去，对着鸡群讲上几个钟头的话，他把那些鸡，想象成是一群人，然后对它们发表演说。他说："刚开始的时候，我似乎吓到它们了。有时候，它们会停止啄食，奇怪地瞪着我看，我就想象是我的滔滔雄辩吸引了它们的注意。还有的时候，它们看起来好像被催眠了似的，这是鸡常有的表情。这个时候，我就会假装它们是被我的演讲迷惑了。慢慢地，我越来越能自我控制了，部分是得益于这种练习，部分则是因为找出了造成我这种口吃毛病的原因。"

"你知道，我父亲是一个很专制的人，他相信一句古话：'小孩子要少说多听。'小时候，每当我说话或表达自己的想法时，他就会责备我。我变得对讲话这件事很敏感，每次想开口讲话，都怕遭到别人的嘲笑，就这样，我有了口吃的毛病。此后，我极不愿在别人面前讲话，别人也不给我机会，因为他们看到我有口难言的痛苦表情，常觉得神经紧张。"

"后来，当我发现自己对鸡或其他动物讲话可以毫无困难时，我建立了自信，我知道，在面对人的时候我也可以讲得一样好，这种信心使我突发奇想。我想：只要把那些人想象成很多鸡、牛、马等，我就不会再害怕了。"

"虽然这种想法幼稚可笑，可是，却很有效。它使我不再神经紧张，也克服我的自卑感和过度的敏感。更使我了解到，由于长期处于怕被父亲责备的恐惧下，所以，我才会在脑海中不断幻想自己在别人面前无法开口的情景，只要肯改变脑海中的这幅影像，就能促使内在的威力帮我克服困难，使我能毫不害怕地表达自己。然后我不断吸收经验，不断自我训练，才有今天的成就——这也正是我多年的心愿和憧憬。"

无论你的缺陷是什么，这种创造性的威力随时都在待命，帮助你克服它。

信念是成就事业的基础

一个人只有能够把他的品格魅力与坚强的信念用在大众的事业上，才能成为超群出众的人。

信心与信念是成就伟业的基础，是每一个成功人士必备的心理素质。一个成功者只有充满必胜的信念，对自己的事业确信无疑，他才能迈出坚定的步伐，产生克服万难的雄才大略，并随时能迎接来自各个方面的挑战。相反，一个怀疑自己能力，对未来失去信心的人必然不会取得成功。

信心和信念能够激发人的情绪和力量，调动人的积极性，充分开发人的智慧和潜力，坚定人的意志，去完成任务，实现理想，甚至成就伟大神圣的使命。

信心和信念体现在一个成功者身上就是远见卓识和强烈的自信心，而这种远见和自信又使他有可能去鼓舞他人，向着心中的理想百折不挠地前进。无论过去、现在，还是将来，信心和信念都是所有伟大人物所具备的伟大人格的一部分。

印度是世界四大文明古国之一，它的历史源远流长，文化成就灿烂辉煌。但它历经坎坷、屈辱，从17世纪起一度沦为英国的殖民地，受尽掠夺和压迫。印度人民从未甘心忍受异族的统治，印度历史上民族起义、民族独立运动此起彼伏，风起云涌。甘地便是19世纪末20世纪初印度民族解放运动中最有权威的领导者，他为印度的民族独立作出了巨大贡献，被印度人民尊称为"圣雄"、"国父"。

甘地创造了一个历史上的奇迹，"他让那些失去了一切的人们又恢复尊严；沉默寡言的人民又发出了呼声；胆战心惊、畏缩不前的人们现在高高地昂起了头；被解除武装的人们锻造出一种使大英帝国的刺刀丧失功能的武器。"目的只为一个——印度的独立、人民的自由。如果认为是甘地只身一人带来了这种变化，似乎言过其实。因为任何个人，无论他具有何种才能，都不可能享有历史的"唯一创造者"的盛誉。但如果没有甘地的领导，印度也不可能主宰自己的命运。

甘地获得印度人民的爱戴与其说是凭他的成就，不如说是凭他的信念和人品。他的人品比其成就要伟大得多。甘地是一个追求永恒真理与道德完美的多才多艺的人。他非常虔诚并忠于自己的信念，毫无畏惧地摒弃任何他所否认的普遍道德与博爱法则。但他绝非生来如此，他早期所显示的才能与普通人并无差异。他像大多数人一样，只是个普普通通的人。他胆小羞怯，外表简朴，并无任何天才的表象，甚至连一点激情都没有。如果说他确实与别人有所不同的话，那就是他的坚韧不拔、英勇无畏、孜孜不倦以及遵循无休止的道德欲望而费尽苦心。从一个普通的印度青年至圣雄，他经历了一个缓慢的发展过程。他以常人的步伐，一步步地攀登着，当他到达顶点时，他已超越常人。

尼赫鲁说："甘地能够支配国大党和整个国家，并不完全因为他所主张的意见，而是他的独特人格。"

甘地的品格激励了印度人民的民族自信心和自尊心。他在斗争中表现的坚韧不拔的顽强精神与爱国热情，培养了印度人民的品格和骨气，而且在各方面获得惊人的成功。甘地人格的神奇魅力，抓住了印度人民的心，给人们以希望和力量，使一个长期萎靡不振、人心涣散的民族振作起来，为民族独立而斗争。

甘地的品格带动了印度人民不畏强暴的斗争精神。他在领导每次不合作运动时，不仅运筹帷幄，指挥全局，而且在实际斗争中身先士卒，以大无畏的具体行为带领群众勇往直前。

综观甘地的一生，他信念顽强，对真理不懈追求，与民同乐，与民同苦，以自己的人格与坚韧不拔的毅力赢得了人民的爱戴。

信心创造奇迹

在本书的末尾，布里斯托尔给大家介绍了一首小诗，与大家共勉：

我是主角，你也是主角，而他和她也是主角。

人生中没有临时演员，你可以成为你所向往的人。

不管是怎么样，你都会成为你所想的，

因为人是在这样的系统下活动的。

心灵是一个多媒体，

我们会依照在心里所播放的影像、声音，还有故事来行动；

感受各种事物；

在心里播放越多次数的影像，越会成为鲜明的故事而实现。

而编造这个故事的人正是你，

你是编剧，也是导演。

绝无法假手于人，

你不要梦想请别人来帮助你写剧本，

就连修稿都别想。

你只能不断编写自己的故事，

然后借周围的人的感受去修正

你自己的轨道。

在每个人的身体里面，都有潜伏的力量，只要把它找出来应用，便能帮人们做成那些梦想不到的事情。

许多人没有利用他们的潜伏的力量。这种潜伏力，就在无数的细胞里面，只要一经激发，便会使生命跳跃。

许多无以谋生的人，并不是他们没有复活的力量，他们的力量，都沉睡在他们身体里面，如果他们使这种力量苏醒，便会做出惊人的事业来。

在人们身心里面，封锁着极大的内在力。你必须努力，努力再努力，替你自己制造最富成功意义的产品——使你获得成功的力量。你必须明白你具有的优点，因此你要原谅你的缺点，并超越你的过失，使你能够自我肯定并达到胜利的终点。

这不是一夜之间可以办到的事，但你可以一天一天的、一个星期一个星期的、一个月一个月的、一年一年的，在你的心中扩展你这个成功的自我信念，不停地以新鲜丰富的经验补充它，直到你拥有一个伟大而又光辉的武器——自信。

这里有一个关于米开朗琪罗的故事。这位伟大的艺术家，有次在

意大利的一个石矿土中工作时，看到一块巨大的石头，心里非常高兴。

他伸手把玩着它，从它里面看到了摩西的精神。

他开始雕刻这块石头，经过漫长的岁月，终于雕成了一件伟大的艺术作品——他的伟大创作：摩西雕像和十诫。

现在，请你做你自己的雕塑家，以慈祥与谅解做你的工具，使你能够以你的心眼看清你的内在优点，像米开朗琪罗雕刻摩西一样，雕塑自己的信念，并使它保持生动灵活。

因为，能够引导你去过多彩多姿生活的，就是你的自我信念，它的价值重于一切。只要你能承认你的优点，只要你能观照你的成功，并使它们保持下去，你的生活就不会有太大的恐惧，你就可以屹立在人生的洪流之中，去做事、感受、交往、与他人互相关联。

下面提供给你一个可以创造生活的"十诫"——自信：C－O－N－F－I－D－E－N－C－E：

1. C：专注（Concentrate）一个坚强的自我信念。

2. O：给予（Offer）它给你与人充分合作的机会。

3. N：决不（Never）使它消失；你必须加强你的自我意识。

4. F：以你的自我信念成就（Fulfill）你自己；它是你知心好友。

5. I：以慈爱灌注（Infuse）你的自我信念——在你遭遇艰难困阻的时候。

6. D：每天培植（Develop）它；只有你的真正自我意识，可以使你坚强不屈。

7. E：以你的自我信念提高（Elevate）自己，以使你不必畏惧竞争。

8. N：滋养（Nourish）它；不要让一种虚假的无私意识，使你认为它对你的幸福无关紧要。

9. C：创造（Create）一种可以使它成长的环境；每天花些时间，谦逊地想想你自己和你的世界。

10. E：享受（Enjoy）它；不断地发动你的本能——你的成功机运。

不要忘了，只有你，以及你自己在心中建立并在心中跟着你一道生活的这个自我信念，才有办法跟他人建立有效益的积极关系，使你的岁月充满情趣。

自信隐含着宽以待人的意味。你因为感到自己坚强而不怕威胁；你因为感到自己光彩活泼而不易受到情感的伤害。因此，你可以原谅他人。

你宽以待人，而不带别的意思——心地光明磊落，不含丝毫指责之意。这是一件困难的事情，但你可以办到。

而你也要宽以待己，就像你宽

以待人一样。

因为，宽恕只是自信与不自信的另一种反应。

好，你已经读完这一章了。

你已经看出了自信的重要，它是一种内在的力量，是一种黄色炸药。

你已经明白它跟成功的重要关系，它是一种内在的力量，也是成功催化剂。

你已经明白它跟成功机运的关系，它跟你的自我心像的力量关系，因此你已经知道，它是人生中的一个不可或缺的要素，不论什么人，凡是想达到目标而获得成功和满足的人，都不能没有它。

在人生中可能有很多有助于你的因素——金钱、地位、身体、运气。日光和大气可以增长你的精神；朋友可以做你的后盾。

但是，你的生活布局全在于你；全在于你的内在力量。

高大英挺的背影也许令人感到愉快，但它并不是根本的东西。你的内在力量，才是创造人生的根本。

附录　获得信心的 12 个法则

你已经读过本书了，希望你读得津津有味，而且使自己在阅读过程中获得改善与提高，并运用为你定下的一些原则。只要你忠实地运用这些原则，将改变你的自我信念，使你享受充实而有意义的生活。

在本书结束时要提供给你由布里斯托尔总结出来的助你成功的重要武器，即"每日 12 法则"。

这些武器只是一些概述某种观念的文字，却具有大炮般的威力，但它们不会摧毁城堡，只会引导你获得美满成功的生活。

1. 真相。希腊有句谚语："只有神才能说——认识你自己。"但被你所相信的"真相"却经常是"错误"的。大多数人都很容易看低自己的能力、价值及潜能，心里只会想着失败，而忽略了成功。他们不断在精神上鞭策自己，几乎已近虐待狂的程度。你对自己的看法是否正确？你应努力学习看出你的真面目——你最佳时刻中的最真实面目。

2. 想象力。这是一种很棒的工具——但大多数人却不知道培养。"培养美德勇气的最好工具就是想象

力"，英国浪漫主义大诗人雪莱这样说过。法国散文家兼思想家朱贝尔也宣称："想象力是灵魂的眼睛。"未经耕耘的土地长不出好的植物，未经培养的想象力无法引导你进入丰富生活的绿色草原。利用这种幻想力量能协助你获得更美好的未来。想象你一直渴望的成功与好运，不停地想象你自己正处于这些成就中。一遍又一遍地想，直到你的"成功心像"遮住了你的"失败心像"为止，使你的想象力成为你最值得珍惜的朋友，而不是可怕的敌人。

3. 轻松。生命是短暂的，把它浪费在担忧烦恼上，就等于浪费了上帝赐给你的珍贵礼物。富兰克林说过："能够休息者，比攻城略地的将领更伟大。"这说法很正确。要想攻下城池，只需拥有强大的军队即能办到，要想获得休息却必须拥有深刻的思想。

原谅他人吧。因为原谅能够令你平静，替你带来心灵的宁静。原谅别人吧。因为没有十全十美的人。你对某人怀恨多年，可能是责备他对你不够尊重，但你自己很可能也

有同样的缺点，接受别人的人性弱点，并原谅自己的弱点，不要认为自己不会犯错。你应该对自己的失败一笑置之，然后努力达成有价值的目标。原谅你自己！

4. 培养胜利的感觉。这种感觉可以替你移动大山，只要你觉得自己是成功的人，理应获得成就与幸福。大文豪爱默生曾说过："信任自己就是成功的第一秘诀。"当这种自信演变成胜利的信念时，它将会发挥巨大的力量。

你用来处理问题的这种精神，对自己在现实世界中表现的这种感觉，几乎可以预测出你努力的结果。人对自己的这种感觉，一旦成为你个性的一部分时，将帮助你渡过难关，就算是大祸临头，它也能协助你再度站起来。只要你继续替这种感觉的火堆添加燃料，那你的生活必将十分丰富。你培养你的成功机能，它也将替你生产成功果实。

5. 良好的习惯。亚里士多德这样说："经常采取一种特殊的行动方式，会养成特殊的个性。"你的习惯不断汇集成为一个整体，这个整体就是你。如果这些习惯是积极的，那你就是一个走向成功的人。如果这些习惯是有害的，那你必然失败无疑。许多人认为习惯是无法改变的，这种观念并不正确。你可以摒弃坏习惯，养成好习惯，只要你努力去改变。

6. 幸福的目标。就个人而言，每个人的基本目标各有不同。某些人将其一生浪费在担忧恐惧、怨天尤人或烦躁不安上。为何不把追求幸福当做目标？想一想能够令你幸福快乐的那些感觉：成功的技巧、幸福、良好的人际关系、你对自己的美好印象、物质上的成就；然后努力使这些感觉变成现实，同时要记住：一定要认为你有获得幸福的权利，否则不管你有没有注意到，你将为自己的成功制造阻碍。坚持给你自己这项权利，它是你天生应得的资产，不要把它自你身上剥夺。

人人各以不同的方法获得幸福。罗马大演说家西塞罗认为："幸福的生活应该包含心灵上的平静。"罗马讽刺诗人朱维纳也写道："我们认为，幸福的人就是那些从生活经验中学会承受生活压力，而不被生活压力所击垮的人。"找出你的幸福之道，不要追随别人的步伐。

7. 摘下面具。当你在高速公路上以110英里时速开车时，你是否戴着眼罩？当然没有。但你却可能戴着面具生活，来掩饰你真正的感觉。这种面具同时也是一种眼罩，因为你在躲避他人时，也隐瞒了你自己，使你不知道自己的潜在能力。这种隐瞒是不必要的，这显示你认为自己是个讨厌的家伙、一个弱者、

一个怪物或一个只有上帝才知道的东西。这种看法是错误的。当你学会以友善的眼光来看你自己时，你用不着戴面具。

8. 同情心。这是人与兽相区别的一种美德——人类应该有同情心。当你在内心深处替别人着想时，你正置身于身为人类的最美好时刻。其他人可能会对你表示感激，以报答你的关怀，但你真正的报酬在于你对其他人以及对你自己所感受到的那种温馨。只要你有真正的同情心，你将会吃得更好、睡得更好、工作表现也更好。

9. 接受你的弱点。如果你在一栋办公大楼的6楼租了间办公室，里面没有地板，你有何感觉？当然你一定会觉得没有安全感。人也是一样。你也许坚强、健康、成功，但生活中没有保障，有时你所有的事情都会出错。由于你所遭遇的问题不断增加，因此你可能会觉得疲惫而虚弱。现在的问题是，你是否以一种合乎人性的方式来接受你暂时的弱点，或因此而责备自己，觉得自己是个失败者，这是一个最主要的问题。如果你在懦弱的时候排斥自己，那你脚底下将没有地板让你立足，你将永远不会感到安全。你的力量并不真实。只有在你接受自己的弱点之后，你的力量才完整。

10. 容忍自己的错。"不犯错的

人，通常没有任何成就。"这是一句至理名言。如果你想获得幸福快乐，一定要克服心中的完美主义，因为这种要求将警告你永远不可犯错。你绝不能以这种态度去生活，否则你就只能躲在自己的小天地中逃避现实，不敢去面对任何挑战。

不要用批评来破坏自己，要学会偶尔犯错时能够一笑置之。只要你在生活的比赛中被三振出局而不感到气馁，那你将学会击出全垒打。

11. 保持你的真面目。约翰·密尔曾道："所有的美好事物都是创造力的果实。"当你觉得你必须根据别人的方式来生活时，一定要记住上面这句话。只有你在保持真面目时，你的生活才有意义。

不要根据他人的好恶来培养你的个性，你不妨给自己赞许的微笑。加强你的自我信念，那么别人的批评将从你身上反弹回去，而不会侵入你的内部。不要理会那些想要逼你向他们意志屈服的人。你要了解，他们逼迫你，主要是因为他们心虚。只有在你按照自己所希望的方式去生活时，才算是真正的成功。

12. 永远不要退休。古老文明发明了计算时间的方式：年、月、周、日、时、分、秒。某些人认为这些统计方法可以告诉我们"年轻或年老"，事实并非如此。如果你的生活充满兴奋的活动，那就是年轻

人——即使你已经 100 岁；如果生活令你感到烦恼，那你已经老了——即使你只有 18 岁。

当你接近 60 岁时——社会上早就把这种年纪称为"退休年龄"——那你可能被迫从工作岗位上退休。不管你是否真的退休，都要继续过着一种对社会有用，而又令你兴趣盎然的生活。因此你有必要在退休前培养一些兴趣，绝对不要进入一种人为的"冬眠期"，因为这样只会削弱你的自我信念。

以上就是你的"每日 12 法则"。不要对它们有所怀疑，它们将帮你开创更美好的生活。一旦觉得事情不对劲而沮丧时，请读读本书。一遍又一遍地阅读，将会加强你的自我信念，而且你会发觉这个世界将变得更美好，你也将对世界更有信心！